오늘부터, 처음 텃밭 가꾸기

베란다 텃밭부터 노지 텃밭까지 완전 정복

오늘부터, 처음 텃밭 가꾸기

글·그림 석동연

빌리버튼 billybutton

나의 처음 텃밭, 그리고

그 후 십몇 년간 형태는 바뀌었지만, 내겐 한결같은 휴식처이고 놀이터였던 텃밭.

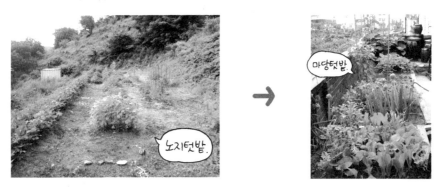

텃밭은 소소한 노동과 싱싱한 수확물로 건강을 주고, 성취감과 힐링으로 마음도 튼튼하게 한다.

시 분양 텃밭.

옥상 화분 텃밭.

또 해가 갈수록
새로운 흥미거리를 더해주어
자연을 더 가까이 만끽하게끔 한다.

벌레! 곁가지 잡초
나무 바람
흙! 비!

이런 텃밭의 다양한 재미와
이로움을 즐기기 위해선
전제조건이 있는데, 바로 작물이
잘 자라 건강한 수확을
경험할 수 있어야 한다는 것이다.

제대로 자라지
않으면, 흥미도 떨어져.

그러려면 작물마다
기본적인 재배 방법을
알아야 하고,

토마토는 곁순을
꼭 따줘야
하는군!!

채소 기르기

아는 만큼의
수고와 애정을
들여야 한다.

애정을 주면
더 많은 애정으로 보답
하는 반려텃밭!

그래서 텃밭러라면 꼭 알아야 하는
'채소 재배 방법'을 여러 경험과
자료를 바탕으로 하여, 만화와
사진으로 쉽게 풀어 설명해보았다.

개인적인 경험

농사 경험 있으신
어르신들 말씀

관련 책과
전문 자료

부족하나마 텃밭을 처음 시작하거나 처음 새로운
작물에 도전하는 분들께 이 책이 유용하게 쓰여,
텃밭의 재미가 더욱 풍성해지길 바랍니다!

오늘도
텃밭에서

같이
놀아 보아요!

5

나의 처음 텃밭, 그리고…004

1장
아는 만큼 건강한 채소를 기른다

2장
초보자도 쉽게 기르는 파릇파릇 잎채소

3장
기르는 재미 쏠쏠 먹는 재미 쏠쏠 열매채소

4장

얼마만큼 컸나, 무럭무럭 뿌리채소

5장

쓰임새도 맛도 다양한 채소들

1장

아는 만큼
건강한 채소를 기른다

건강한 채소를 기르자

매일 시장에서 사 먹기만 했던 채소를 내 손으로 직접 길러 수확해 먹는다는 건 신기하고 경이롭기까지 하다. 작은 씨앗에서부터 커다란 잎과 열매를 맺기까지 애정을 쏟고 돌보며 기른 채소들은 더 없이 소중하고 감사해 어른이고 아이고 모두 아껴 먹는다. 기르기 쉬운 상추라도 직접 심어길러 밥상에 올렸을 때의 그 뿌듯함이란!!

텃밭을 직접 가꾸면 싱싱하고 안전한 채소를 먹을 수 있으며 가계에 보탬도 되지만, 모두에게 추천하는 가장 큰 이유는 작물을 기르는 것이 너무 재밌기 때문이다! 일단 화초와 달리 채소는 자라는 속도가 빨라 금방 자라는 걸 보고 자주 수확하는 즐거움이 있다(쌈채소는 한 달, 감자는 세 달이면 수확 가능). 또 '크고 많이, 손쉽게' 키우기 위해 농약이나 화학비료 범벅으로 자라 허약하고 영양과잉된 채소가 아니라, '알맞게, 자연스러운' 환경에서 자란 건강한 텃밭채소는 본래의 풍부한 맛을 갖고 있어 먹는 재미도 크다.

건강한 텃밭채소를 기르는 즐거움을 누리기 위해선 사람에게 기본적인 의식주가 필요하듯이 작물은 어디서 살고, 무엇을 먹고, 잘 자라게 하려면 어떻게 관리해야 하는지를 먼저 알아야 한다.

건강한 채소는 어디에서 자라나?

텃밭 작물을 건강하게 기르기 위해선 작물이 사는 집이라 할 수 있는 흙이 건강해야 한다. 산과 들에 나는 산나물, 들나물은 누가 돌보지 않아도 저절로 잘 자라는 듯 하나, 이는 살고 있는 터전인 흙 안팎의 다양한 생물들이 끊임없이 식물에 이로운 활동을 한 덕분이다. 식물의 잎과 뿌리가 시들어 쌓이고, 동물, 벌레, 미생물들이 서로 먹이가 되어 분비물을 배출하고 생을 다해 사체가 되는 생명활동이 끊임없이 자연스럽게 이루어진다. 그 생명활동의 모든 결과물이 유기물이고, 이 유기물이 흙과 작물을 건강하게 한다.

흙 속의 유기물들은 흙알갱이와 함께 뭉쳐져 덩어리지면서 틈새를 많이 만들어 건강한 토양의 조건인 '떼알 구조'를 만든다. 떼알 구조는 틈새가 많아 흙 속 다양한 생물들에게 서식처를 제공하고, 양분을 저장할 공간을 많게 하며 공기와 물이 잘 통하게 한다. 숨을 쉬는 작물의 뿌리는 단단하고 딱딱한 '홑알 구조'의 흙보다 '떼알 구조'의 흙에서 더 자유롭게 깊고 넓게

뻗으며 튼튼하게 자란다. 떼알 구조 토양 속 다양한 생물들은 유기물들을 삭히고 분해하여 다시 흙으로 돌아가게 하는 처리를 도맡는데, 그중 가장 큰 역할을 하는 것이 미생물들이다. 곰팡이, 세균, 효모와 같은 미생물들은 토양 속 유기물들을 먹고 무기물로 배설을 하는데 그 무기물이 식물 성장의 필수 양분이 된다. 따라서 건강한 흙에는 식물의 양분을 만드는 유익한 미생물이 많이 있고 그 미생물의 먹이가 되는 유기물이 풍족하다.

몸에 좋은 흙냄새!!

유기물이 많아 비옥한 흙은 검은색을 띠며 기분 좋은 흙냄새를 풍긴다. 흙냄새는 바로 방선균이라는 토양세균이 방출하는 '지오스민'이라는 물질의 냄새인데, 비가 오면 물방울로 흙먼지가 튀어 공기 중으로 지오스민 분자가 퍼져 나가 더욱 뚜렷이 맡을 수 있다. 이 물질은 천연 항생성분이 있어 토양뿐 아니라 인체에도 매우 유익하다.

건강한 채소는 무얼 먹고 자라나?

채소가 자라는데 필요한 밥은 햇빛, 공기, 물 그리고 무기영양소! 식물은 잎에서 흡수한 이산화탄소와 뿌리에서 흡수한 물을 원료로 태양에너지를 이용해 기본에너지원인 포도당을 만들어 낸다(광합성). 또 식물은 공기와 토양, 빗물 등에서 식물체를 구성하는데 필요성분인 무기질을 흡수해 양분으로 사용한다. 토양 속에 있는 무기양분은 낙엽과 뿌리, 벌레와 동물 사체 등의 유기물을 분해하는 미생물 등의 작용으로 생기며 원소 이온 형태로 물과 함께 뿌리를 통해 흡수되어 식물의 생장에 필요한 원료로 쓰인다. 식물 성장에 매우 중요한 필수 영양 원소로는 다음 16가지를 꼽는다. 이 중 산소, 수소, 탄소는 공기와 물에서 흡수되고, 나머지 13가지 원소는 대부분 토양에서 얻는다.

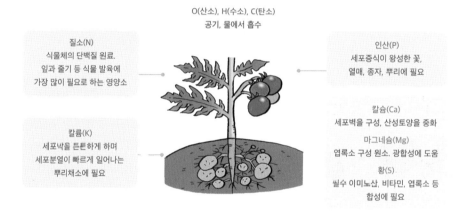

O(산소), H(수소), C(탄소)
공기, 물에서 흡수

질소(N)
식물체의 단백질 원료.
잎과 줄기 등 식물 발육에
가장 많이 필요로 하는 영양소

인산(P)
세포증식이 왕성한 꽃,
열매, 종자, 뿌리에 필요

칼륨(K)
세포박을 튼튼하게 하며
세포분열이 빠르게 일어나는
뿌리채소에 필요

칼슘(Ca)
세포벽을 구성, 산성토양을 중화

마그네슘(Mg)
엽록소 구성 원소. 광합성에 도움

황(S)
빌수 이미노산, 비타민, 엽록소 등
합성에 필요

미량원소
염소(F), 붕소(B) 철(Fe), 망간(Mn),
아연(Zn), 구리(Cu), 니켈(Ni), 몰리브덴(Mo)

필수 원소 중 질소, 칼륨, 인산, 칼슘, 마그네슘, 황은 식물성장에 많은 양이 필요하여 다량원소라 하고, 그 외의 원소는 적은 양이지만 꼭 필요하여 미량원소라 한다. 이 중 질소, 칼륨, 인산은 식물 생장에 가장 많이 쓰여 '비료의 3요소'라 한다.

비료가 필요한 이유

식물의 성장에 중요한 영양 원소는 토양 미생물이 많을수록 많이 생성되는데, 유기물이 부족한 척박한 땅에서는 유익한 미생물의 수가 적어 작물이 원하는 만큼의 영양소를 얻을 수 없다. 또 열매 등과 같이 필요로 하는 부분이 커지도록 작물을 개량했기 때문에, 보통의 토양 속 양분만으론 충분하지 않을 수 있다. 이때 작물이 필요로 하는 영양분을 인위적으로 늘리고 보충해주는 방법이 있는데, 그것이 바로 비료다.

건강한 흙에는 유익한 미생물이 1g당 약2억마리!

우리나라는 90%가 척박한 산성토양이라 약 4천만 마리뿐!!

비료의 종류를 알아보자

비료에는 자연소재의 유기질비료과 무기질 원료의 화학비료가 있다. 땅속 생물들이 잘 자라 왕성하게 활동하고 순환하는 자연상태의 살아있는 흙으로 가꾸려면 유기질 비료를 기본으로 넣어주고, 화학비료는 토양과 작물의 상태에 따라 부족한 부분을 보충하며 보조적으로 사용하면 효율적이다.

 유기질 비료

유기질 비료는 동식물에서 얻는 유기물을 원료로 만들어진다. 식물 열매를 가공하고 나온 부산물(깻묵, 쌀겨, 각종 유박 등), 가축 퇴비, 풀과 낙엽을 삭힌 부엽토, 톱밥, 음식물쓰레기, 나뭇재 등이 있다. 유기질 비료는 흙 속의 미생물에게 먹이를 넣어주는 일이다. 미생물은 유기질을 먹고, 작물에 유익한 무기질 영양분을 제공한다. 유기질 비료는 미생물 분해 속도를 맞추느라 효과가 천천히 나타나지만, 땅을 지속적으로 거름지게 하며 영양분을 골고루 제공해 채소의 맛을 좋아지게 한다. 하지만 미생물에 의해 유기물의 발효와 부숙을 마친 후에 흙과 섞어주어야 유해가스와 열 등으로 인한 작물 피해가 없다.

시중에서 파는 식물성 부숙 유기질 비료.

 화학 비료

하얀 알갱이 모양의 복합 화학 비료.

화학 비료는 식물의 무기 영양소를 화학적으로 뽑아내 만든 비료로 미생물의 도움 없이 물에 녹아 바로 작물이 흡수, 이용할 수 있다. 화학 비료는 단독으로 쓰는 것보다 작물의 특정 영양소의 결핍 장애를 보일 때 보충하거나 소모량이 큰 영양소를 웃거름 줄 때 첨가하는 식으로 사용하면 좋다. 효과가 서서히 나타나는 유기질 비료에 비해 화학 비료는 물에 녹아 빠르게 작용하지만, 사용되지 못한 비료는 토양에 축적되어 땅을 척박하게 만들고 지하수를 오염시키니 과용하면 안 된다.

화학비료의 종류

*질소질비료-요소, 유안 등   *인산질 비료-용과린, 용성인비 등   *칼리질 비료-염화칼리, 황산칼리, 황산칼리고토 등
*복합비료- 질소, 인산, 칼륨 중 2가지 이상이 일정 비율로 화합된 비료
*칼슘비료- 토마토 등의 배꼽썩음병 등, 산성 땅을 개량할 때 쓴다. 석회고토, 소석회, 농용석회 등
*붕소비료- 열매 결실 부실, 배추 등 중심부 흑갈색 부패 시에 사용
*유황비료- 과수의 당도를 높이고 양념류 채소의 향기를 높이는 데 필요

거름 만들기

거름 또는 퇴비는 땅을 걸게(걸다: 땅이 기름지고 양분이 많다) 만들기 위해 넣어주는 물질로, 유기질 비료와 같은 말이다. 거름은 간편하게 시중의 친환경 유기질 비료(1~20kg 용량 다양)를 사서 써도 되지만 여건과 장소만 가능하다면 직접 만들 수도 있다. 가장 손쉽게 구할 수 있는 재료로 만드는 거름은 풀거름과 음식물쓰레기 재활용 거름이다.

 ### 풀거름 만들기

풀매기한 잡초나 낙엽, 채소 쓰레기 등을 밭에 덮어주면 저절로 삭아 거름이 된다. 풀거름은 식물과 땅속 생물들이 잘 자랄 수 있는 숲과 같은 환경을 만들어주는 역할도 한다. 병해충에 걸린 잎이나 씨를 맺고 있는 잡초는 사용하지 않는다.

 ### 음식물쓰레기로 만들기

음식물쓰레기 중 방부제가 묻은 과일 껍질, 염분과 기름기가 섞인 것 등은 사용하지 않도록 한다.

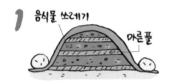

마른 풀과 음식물쓰레기를 켜켜이 쌓고 빗물이 들어가지 않게 덮개로 덮는다. 중간중간 미생물이 풍부히 늘어있는 흙이나 퇴비, 미생물 먹이로 좋은 쌀겨나 깻묵을 넣어주면 좋다.

건조하거나 공기가 부족하면 미생물이 살기 힘들어지므로 1~2개월마다 위아래를 뒤집어 공기를 넣어주고 물을 뿌려준다.

기온이 높으면 2~3개월, 낮으면 6개월 정도 지나면, 재료의 원형이 사라지고 발효가 완료된다.

거름 중에는 "사람 똥"이 최고!

사람은 음식의 30퍼센트만 소화시키고 나머지는 배출하기 때문에 똥에 더 영양분이 많다. 게다가 똥은 식물이 성장하는 데 가장 많이 필요로 하는 질소 성분을 가득 담고 있다. 그래서 집집마다 농사를 짓던 예전에는 똥을 최고의 거름으로 여겼는데, 어찌나 귀히 여겼는지 누가 훔쳐갈까 뒷간을 지키기도 하고 돈으로 사고팔기도 했다. 현재까지도 똥이 나온 꿈을 꾸면 재물이 생기는 길몽으로 여기는 것이 오래된 농경생활이 각인된 때문일 것이다.

거름주기

유기질 거름을 줄 때는 꼭 흙으로 덮거나 섞어주어야 하는데, 거름 성분이 노출되어 공기 중 산화, 손실되는 것을 막기 위함이다. 또 잘 섞어주어야 거름 성분이 흙 알갱이와 잘 결합해 흙 속의 양분보유력을 높일 수 있으며 공기와 수분이 잘 통하는 떼알 구조로 만들 수 있다.

밑거름 주기

밑거름은 씨를 뿌리거나 옮겨심기 전 밭을 만들 때 미리 흙과 섞어 놓는 기초거름으로 완숙퇴비와 석회, 재, 숯가루 등이 사용된다. 밑거름은 작물 심기 한 달~2주 전에는 넣어줘야 한다. 완숙되지 못한 퇴비가 작물 성장에 해를 입힐 수 있어 미리 넣어 안전하게 발효를 마치게 하기 위해서다.

웃거름 주기

재배 기간이 긴 작물은 자라는 상태를 봐가며 중간중간 웃거름을 준다. 웃거름을 줄 때는 작물의 뿌리에 직접 닿지 않는 곳에 골을 내어 완숙퇴비를 한 주먹씩 넣고 흙으로 덮어준다.

거름 사용시 이것만은 꼭!

자연스럽게 자란 채소 (O)

자연 본래의 맛! 시고 쓰고 달고 매고…

연한 녹색잎

비료로 영양과잉된 채소 (X)

달지만 싱겁고 맛없는 맛

짙은 녹색잎

발효가 덜 된 거름을 작물에 주지 않는다

발효가 덜 된 거름은 발효되면서 나오는 열과 가스로 작물에 해를 입힌다. 또 나쁜 균이 많아 토양을 해충과 병원균으로 오염시킬 수 있다. 시중에서 파는 퇴비는 짧은 시간 숙성된 경우가 많아 2~3개월 전에 구입해 숙성시켜 사용하는 게 좋다.

거름은 항상 조금 모자란 듯이 넣는다

작물을 튼튼하게 키우고자 거름을 주지만, 지나치면 독이 된다. 유기질 비료든 화학 비료든 과다한 사용은 작물의 생육장해를 일으키고, 염류 축적으로 토양을 척박하게 한다. 또 병해충이 많아지고 사용되지 못한 비료 성분은 지하수를 오염시킨다. 따라서 거름은 언제나 좀 적은 듯이 주는 것이 안전하고, 작물이 자체적으로 양분을 찾아 뿌리를 깊게 뻗게끔 하는 게 좋다.

재배 계획 짜기

작물을 기르기 전에 무엇을 얼마나 재배하고, 어떻게 배치할 것인가 미리 계획을 짜놓고 시작하자!

 무엇을 얼마나 기를까?

초보자라면 일단 재배가 쉽고 병해충에 강하며 짧은 시일에 수확할 수 있는 작물을 선택하자.

처음부터 어려운 작물을 심어 실패하면 재미가 떨어진다. 조금씩 경험을 쌓아가  며 난이도 있는 작물에 도전해보는 게 좋다. 또 작은 규모의 텃밭에서는 수확이 늦고 오랫동안 자리를 차지하는 작물보다 바로바로 수확할 수 있는 작물 위주로 정하고, 중간 규모의 텃밭이라면 관리가 쉬운 작물 순으로 종류를 늘리는 것이 좋다.

 상추, 들깻잎, 부추, 바질, 고구마, 옥수수, 알타리무 등

 대파, 쪽파, 감자, 콩, 무, 생강, 당근, 땅콩, 가지 등

 토마토, 고추, 파프리카, 양배추, 배추, 오이, 애호박 등

어떻게 배치할까?

 햇빛에 따라 배치

대부분의 채소 작물은 햇빛을 많이 받아야 잘 크지만, 약한 햇빛에도 잘 견디는 작물이 있다. 해가 들고 그늘이 지는 곳을 잘 살펴 작물을 배치한다.

 강한 햇빛이 필요!
토마토, 감자, 가지, 고추, 애호박, 고구마, 무, 딸기, 당근, 콩 등

 약한 햇빛도 견뎌!
양상추, 엔다이브, 부추, 파, 미나리, 바질, 생강, 참나물 등

집안에서 작물을 기를 경우엔 최대한 해가 많이 비추고 바람이 통하는 베란다나 직접 햇빛과 비를 맞을 수 있는 테라스나 옥상이 좋다. 야외라도 그늘이 진 곳이거나 햇빛을 직접 받는 시간이 짧은 곳에서는 약한 햇빛에도 잘 자라는 엽채류나 파 등을 선택하여 배치한다.

실내 재배시 햇빛이 부족하면 새싹 때부터 해를 찾느라 키가 웃자라 쓰러지고, 벌레도 많이 생겨 제대로 된 수확을 기대할 수 없다. 이때는 씨앗을 뿌리기보다 튼튼한 모종을 구입해 기르는 것이 안전하다.

 돌려짓기

같은 땅에 같은 작물을 해마다 심으면 연작 피해(이어짓기 장해)가 온다. 특히 토양이 척박할수록 그 피해가 심해, 수확이 절반 이하로 줄거나 자라는 도중 병으로 죽을 수도 있다. 이는 특정 작물을 계속 심어 생기는 토양 전염성 병해충이나 특정 양분이 계속 소모되어 토양의 성질이 나빠졌기 때문이다. 연작 피해를 막으려면 같은 곳에 성질이 다른 종류의 채소를 재배하는 '돌려짓기'를 하면 된다. (예 : 고추 → 파 → 고구마 → 고추)

3~4년 돌려지은 후 그 전에 심었던 곳에 다시 심으면 안심!

 연작에 **강한** 작물   호박, 당근, 고구마, 파, 양파, 무 등

 연작에 **약한** 작물   고추, 토마토, 가지, 감자, 참외, 수박, 완두 등

밭 만들기

① 작물이 잘 자랄 수 있도록 땅을 갈기 전, 잡초는 뿌리째 뽑아 제거해준다.

② 뿌리가 넓고 깊게 뻗을 수 있는 부드러운 땅을 만들기 위해 땅을 삽 등으로 30~40cm 깊이로 뒤집듯이 파 엎어 부순다.

③ 뿌리 성장에 방해가 될 수 있는 돌과 식물 잔해 등을 제거한다.

작은돌은 그냥 둬도 된다.

④ 밑거름을 전체적으로 뿌려 흙과 골고루 섞어준다. 덜 발효된 퇴비로 해를 입지 않기 위해 밑거름은 작물을 심기 2주 전에 넣어준다!

술술~

⑤ 부드러워진 흙을 모아 알맞은 두둑을 쌓으면서 표면을 고른다.

※ 석회질 비료넣기: 3년에 한 번 정도 석회질 비료를 주어 땅을 중성화시킨다. 석회질 비료는 밑거름과 함께 주면 질소비료 효과가 떨어지므로 밑거름 넣기 2주 전에 넣는다.

소석회 · 석회고토 등

석회질 비료는?

우리나라 대부분의 땅은 화강암이 모암인 산성땅이라 척박하다. 산성토양은 유기물 함량이 낮고, 거름을 주어도 손실이 크며 양분 불균형을 일으킬 수 있다. 이때 알칼리성인 석회비료로 부족한 염기량을 늘려, 작물이 잘 자라는 약산성이나 중성 땅으로 만들 수 있다. 석회질 비료는 땅을 떼알 구조로 만들어주는 토양개량제로 흙의 양분보유력과 작물의 양분흡수량을 늘려준다. 석회의 효과는 아주 천천히 나타나므로 보통 3년에 한 번씩 석회를 넣어주면 된다. 대개 염기를 보충해주는 칼슘(Ca)과 마그네슘(Mg)이 함께 있는 석회고토비료를 뿌리며, 요즘은 유기질 비료에 석회고토를 함께 섞어 판매하기도 한다. 농가는 나라에서 무상으로 제공받는다.

우리나라 90%가 척박한 산성땅!

그래서 우리나라엔 산성땅에서 잘 자라는 소나무·진달래·쑥 등이 흔하지!

 산성에 강한 작물 ▶ 고구마, 딸기, 토란 등

 산성에 약한 작물 ▶ 시금치, 배추, 파, 브로콜리 등

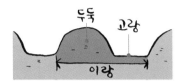

🌱 이랑 만들기

두둑하게 흙을 쌓아 작물을 심는 곳이 '두둑'이고, 물이 빠지고 사람이 드나드는 길이 '고랑', 두둑과 고랑을 합쳐 '이랑'이라고 한다.

고랑을 좁게 만들어놓으면 작물이 크게 자라는 나중에는 사람이 드나들지 못해 관리하기 힘들어진다. 고랑은 물이 흘러가는 쪽으로 파되, 너무 깊이 파여 물이 고이지 않도록 해야 한다.

이랑은 토양의 배수, 보습 정도와 작물의 재배 특성에 따라 크게 2가지 형태로 만들 수 있다.

평이랑

두둑의 폭을 1~1.2m 정도로 넓게 만드는 이랑. 여러 줄 심을 수 있는 잎채소류나 뿌리가 넓게 뻗는 채소에 적당하다.

좁은 이랑

두둑의 폭을 좁고 높게 만드는 이랑. 배수가 좋지 않은 토양이나 물빠짐이 좋아야 되는 채소(고추, 고구마, 감자 등)에 적합하다.

1평의 텃밭이라도 할 일은 많다.

너무 넓은 평수의 텃밭을 처음부터 하면 할 일이 너무 많아 감당하기 힘들다. 텃밭의 작물은 주인의 발소리를 듣고 자란다고 하듯 작물은 기르는 이의 손길을 많이 필요로 한다. 거름주기부터 솎아내기, 풀매기, 북주기, 작물마다 줄기정리, 물주기, 수확 등 작은 텃밭이라도 이 모든 일을 하는데 시간도 오래 걸리고 더워질수록 고되다. 자주 갈 수 있는지, 얼마나 시간을 낼 수 있는지 가늠하며 밭의 규모를 정하자.

화분 만들기

① 한정된 공간에서 작물을 키우는 만큼 양분을 얻을 수 있는 흙을 담는 화분은 넉넉할수록 좋다.

뿌리가 뻗는 공간만큼의
잎과 열매가 생긴다.

② 잎채소인 경우는 15cm 이상 깊이의 화분에 줄지어 심는 것이 좋고, 열매채소인 경우는 30cm 이상 깊이 화분에 하나씩 심는 게 좋다.

열매채소류
깊이 30cm↑

쌈채소류
깊이 15cm↑

③ 산이나 밭의 깨끗한 겉흙을 채취해 돌과 뿌리 등을 제거한 후, 유기질 완숙거름을 함께 섞어 넣어준다. 모래나 나뭇재 등을 조금씩 섞어줘도 좋다.

섞어   섞어

심기전 밑거름
작물 심기 2주전
흙:거름 = 5:1

④ 화원이나 인터넷에서 유기질 흙을 사서 써도 좋다. 파는 흙은 퇴비 성분이 1년 안팎이니 친환경 퇴비를 함께 사서 웃거름용이나 다음 절기 재배에 사용하면 좋다.

유기모종세트!

친환경
퇴비   유기질
토양

⑤ 작물이 자람에 따라 웃거름을 줘야 할 때는 최대한 작물 뿌리에 직접 닿지 않도록 화분 가장자리를 판 후, 거름을 한 주먹씩 넣고 흙으로 덮는다.

심은후 웃거름
가장자리로
한 주먹씩!

⑥ 작물을 다 키우고 난 후에는 화분 속 양분이 거의 유실되니 다음 작물 재배를 위해 심기 2주 전 다시 밑거름을 넣고 위아래로 골고루 섞어준다.

거름은 좀 적은듯
흙의 10~20%

옥상텃밭의 주의점!

옥상은 방수페인트가 칠해져 있지만, 화분 아래 구멍으로 물이 고이고 항상 습하면서 방수에 이상이 생길 수 있다. 그러므로 벽돌로 선반을 받쳐 화분을 올려놓거나, 벽돌 위에 올려 바닥에서 띄워놓아야 한다. 또 그늘이 없이 해가 내내 내리쬐면 화분 흙이 금방 건조해지니 병들지 않은 시든 잎 같은 것으로 흙 표면을 덮어 뜨거운 해로부터 보호해주면 좋다.

벽돌

씨앗 구입하기

채소 씨앗은 종묘상이나 인터넷 등에서 구입할 수 있는데, 이때 꼼꼼히 확인해야 할 것이 바로 씨앗 포장지 뒷면! 씨앗 포장지 뒷면에는 재배 특성, 주의사항, 재배 적기표, 포장년월, 발아 보증시한(씨앗 수명) 등이 적혀 있다. 이중에서도 다음 두 가지는 꼭 확인하고 구입해야 한다.

재배 적기표 확인!

배추나 무 등의 씨앗은 봄, 여름, 가을별로 재배 시기가 나뉘어 품종이 다양하게 나와있다. 심으려는 계절에 맞게 품종을 골라 심어야 제대로 결실을 볼 수 있다.

포장년월 확인!!!

포장년월은 씨앗을 채종한 날짜와 같다. 보통 발아 보증시한은 2년인데 대파나 들깨, 부추 등은 1년만 묵어도 발아율이 현저히 떨어지므로 꼭 포장년월이 그 해로 적혀 있는지 확인하고 구입!

텃밭을 처음 시작하는 사람은 처음부터 씨앗을 뿌리기보다 모종을 구입해 심는 것을 권한다. 튼튼한 모종을 사서 일단 한번 기르기를 경험해보고, 그 다음해부터 씨뿌리기에 도전해보자!

* 뿌리채소류(당근, 무, 알타리무 등)는 모종을 내어 기르면 옮겨심을 때 뿌리부분의 기형이 올 수 있으니 꼭 본밭에서 씨앗을 뿌려 길러야 한다.

씨뿌리기

줄뿌리기

호미 등으로 땅에 줄을 긋고 한 줄씩 줄 맞추어 뿌린다. 줄 간격은 작물이 다 자랐을 때 크기의 1.5배 정도 띄운다.

흩어뿌리기

화분에 심거나, 씨앗이 아주 작을 경우 흩어서 전체적으로 골고루 뿌려준다.

점뿌리기

무, 콩, 옥수수같이 충분한 공간에서 자라야 하는 채소는 살짝 구멍을 내고 2~5알씩 뿌린다.

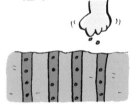

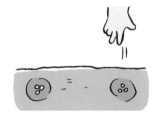

씨앗을 뿌린 후 씨앗 크기의 2~3배 정도 두께의 흙을 덮어주고 손으로 가볍게 눌러준다.

마지막으로 물주기! 세차게 주면 씨앗이 흙 밖으로 튀므로 물뿌리개로 천천히 조심스럽게 준다.

보통 씨앗의 발아보증기간은 2년, 그 기간 동안 서늘한 그늘에 두어야 시간이 지나도 발아율을 유지할 수 있다. 쓰고 남은 씨앗은 다음 계절에 뿌릴 수 있도록 냉장고 안쪽에 보관하자.

"방습제와 함께 밀봉하여 냉장보관!"

모종 구입하기

모든 채소를 씨앗으로 기르기는 어렵다! 특히 토마토, 고추, 가지, 오이처럼 크기가 큰 열매채소류들은 모종을 기르는 것이 2개월 이상 걸리고 전문적인 관리가 필요하기 때문에 모종을 구입해 심는다. 잎채소류도 모종을 구입해 심을 수 있는데, 씨앗부터 기르는 수고를 줄일 수 있고, 조금 더 이르게 수확할 수 있는 이점이 있다. 4~5월, 8~9월이 되면 화원이나 시장, 인터넷 등에서 다양한 모종들을 골라 살 수 있다.

좋은 모종

줄기가 굵고 마디 사이가 짧다.

잎 색이 좋다.

떡잎이 붙어 있다.

모종흙이 넉넉해 뿌리가 잘 발달해 있다.

나쁜 모종

누렇게 변한 잎. 병해 자국이 있다.

웃자라 키가 크고 허약하다.

뿌리 부분이 부실하다.

5월 초, 모종 가게 앞에 즐비하게 놓인 각종 모종들.

앞으로 잘 부탁해~

고르고 골라 사온 모종. 키우기도 전에 뿌듯하다.

모종심기

① 작물의 재배적기에 맞추어 시기를 정하고, 따뜻하고 바람 없는 날을 택해 심는다.

② 촉촉하게 정돈된 상태에서 모종을 빼낼 수 있도록 미리 물을 주고 스며들 때까지 기다린다.

③ 옮겨심을 곳에 모종 크기의 구멍을 파고 물을 준 다음 스며들 때까지 기다린다.

④ 모종 구멍에 손가락을 넣어 살짝 밀어낸 후, 흙이 부서져 잔뿌리가 상하지 않도록 조심스럽게 빼낸다.

⑤ 모종의 흙이 조금 올라와 보일 정도로 흙을 덮어준다.
살짝 얕게 심어야 흙 온도가 높아져 뿌리가 빨리 내리고,
토양에 있을 수 있는 병의 전염을 막을 수 있다.
마지막으로 물뿌리개로 물을 조심스럽게 준다.

모종은 채소가 자라기 좋은 온도의 재배적기에 구입!

이른 날씨에 화원에 모종이 나왔다 하여 성급하게 구입하여 심으면, 찬 날씨에 작물은 크지도 않을 뿐 아니라 냉해를 받아 약해지거나 죽을 수 있다. 재배적기에 심어야 건강하게 자라고 성장도 빠르니 그때까지 느긋하게 기다리자!

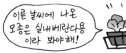

이른 날씨에 나온 모종은 실내베란다용 이라 봐야해!

물주기

 노지재배

노지에서 재배할 경우 조금씩 자주 주는 것보다 가
물다 싶을 때 땅속 깊이 스며들도록 한 번에 충분히
주는 게 좋다.

물을 너무 자주 주면 뿌리가 발
달하지 않고 얕게 자라 약한 채
소가 된다.

작물이 알아서 땅속 지하수와
양분을 찾아 뿌리를 깊이 뻗는
게 좋다.

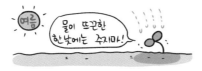

여름

물이 뜨끈해져 식물이 물을 흡수하는 게 스트레
스가 되니 한 낮을 피해 이른 아침이나 저녁에
준다.

겨울

추운 날씨에는 수온이 내려가는 이른 아침과 저
녁 시간을 피해 늦은 오전 중에 준다.

 화분재배

화분재배는 흙의 양이 적고 물을 제공받을 지하수가 없어 쉽게 마른다. 특히 그늘
이 없는 옥상 텃밭일 경우 계속 해를 받아 빨리 건조해지기 때문에 물주기를 게
을리하면 안 된다. 서늘한 날씨엔 하루 1회, 더운 날씨엔 아침, 저녁 2회를 기본으
로 한다. 물을 줄 때는 겉흙만 적시는 정도가 아니라, 화분 아래 구멍으로 물이 스
며 나올 정도로 충분히 준다. 실내에서 키우는 화분의 경우 비가 오면 일부러 비
를 맞히게 하는 것이 좋은데, 빗물엔 소량이지만 각종 미네랄과 공기 중 질소 성
분이 녹아있어 식물영양에 좋다.

풀매기

어릴땐 호미로 뿌리째!

작물이 어릴 때는 잡초가 작물보다 더 잘 자라 작물의 성장을 방해할 수 있다. 따라서 잡초가 더 크게 자라기 전에 뿌리째 뽑아낸다. 특히 볏과 식물은 조금만 자라도 뿌리째 뽑기가 힘드니 어릴 때 미리미리 제거한다.

좀 자라면 낫으로 비짝!

장마 전후로는 잡초의 키도 커지고 뿌리 또한 깊이 자라 손으로 뽑아내기가 힘들다. 이때는 낫으로 잡초를 베어준다. 작물의 성장에 방해가 되지 않는 잡초는 흙을 부드럽게 해주는 역할을 하므로 굳이 뽑지 말고 그냥 둔다.

 잡초로 멀칭 (*멀칭mulching: 농작물이 자라고 있는 땅을 짚이나 비닐 등으로 덮는 일)

씨를 맺고 있는 가을잡초는 멀리 버린다.

제거한 잡초는 바로 작물이 자라고 있는 두둑 위로 깔아준다. 짚이나 잡초 등으로 멀칭을 하면 습기를 유지할 수 있고 새로운 잡초가 자라는 걸 막을 수 있다. 또 빗물에 흙이 튀지 않게 하고 미생물과 천적의 서식처 제공도 된다. 더군다나 깔아준 잡초는 삭아서 거름도 된다. 잡초는 뿌리를 뽑아도 바로 흙과 맞닿아 있으면 다시 살아나므로, 뽑은

농가에 널리는 검은 멀칭 비닐… 쓰레기도 문제야.

풀 위로 뿌리가 올라가게 해준다. 보통 멀칭은 검은 비닐로 하는데 작은 텃밭에서는 소모품인 비닐 대신 직접 풀을 매거나 짚을 구해 멀칭하자!

 사이갈이

사이갈이(중경)란 작물이 자라는 중간에 김을 매어 두둑 사이의 골이나 그 사이의 흙을 부드럽게 하는 것을 말한다. 즉, 풀을 매면서 작물 사이사이를 호미로 가볍게 긁어주면 흙이 부드러워져 작물 뿌리 호흡이 좋아지고 물도 잘 스며들게 된다. 텃밭에 들를 때마다 항상 호미를 가지고 가 틈틈이 사이갈이를 해주자!

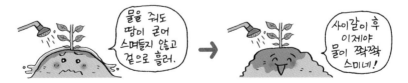

물을 쥐도 땅이 굳어 스며들지 않고 겉으로 흘러.

사이갈이 후 이제야 물이 쫙쫙 스미네!

지주 세우기

줄기가 길게 자라거나, 혼자 잘 서지 못하는 작물들은 비바람에 쓰러져 상할 수 있으니 지주를 세워 끈으로 묶어주어야 한다. 또 덩굴을 이루며 자라는 채소들도 지주로 유인해 길러야 깨끗한 열매를 수확할 수 있다. 지주는 주변의 나무나 기다란 막대를 이용해도 되고, 종묘상과 인터넷 등에서 철심이나 알루미늄 등으로 된 지주대를 1~2m 사이의 사이즈 중 선택해 구입할 수 있다.

끈은 8자로 넉넉히 묶어준다!

하나씩
포기당 지주를 1개씩 대준다.

삼각지주
지주를 삼각형으로 끈으로 묶고 가로로 줄을 쳐준다.

두세 포기씩
지그재그로 끈을 둘러 두세 포기씩 고정시킨다.

북주기

북주기는 뿌리나 줄기 위로 흙을 두둑하게 모아 덮어주는 것으로, 쓰러짐을 방지하는 등 여러 가지 이유로 북주기를 필요로 하는 채소가 있다. 이랑의 잡초를 제거하면서 흙을 모아 북을 주면 효율적이다.

감자: 수확이 많아지고 녹색으로 변하지 않게!

대파: 빛을 보지 못하게 해 하얗게!

콩: 쓰러짐을 방지!

줄기와 열매 정리

작물은 자라는 대로 그냥 방치하면 키나 잎, 꽃 등의 쓸데없는 곳으로 양분이 집중되어 정작 필요한 수확물의 양이 적어질 수 있다. 제대로 된 수확을 위해서는 자라는 중간중간 인위적으로 불필요한 줄기나 꽃 등을 정리해주어야 하는데 그 방법은 작물마다 다르다.

곁순따기

토마토 같은 경우 원줄기만 기르고 나머지 곁순은 모두 따준다. 고추, 가지 등은 갈라지는 가지 아래로 나오는 곁순은 모두 따준다.

순지르기

더 이상 키로 양분이 가지 않고 열매로 가게끔 원줄기를 잘라준다. 토마토, 콩 등.

가지치기

수확하려는 열매 위주의 가지만 키우고 나머지는 모두 제거한다. 오이, 호박, 참외 등.

첫 열매, 첫 꽃 따주기

처음에 열린 꽃과 열매는 무리하게 키우지 않고 줄기 성장과 다음 열매를 위해 따준다. 고추, 애호박 등.

꽃대 줄기 지르기

꽃대가 나오면 영양이 꽃으로 가제대로 된 잎줄기 수확을 할 수 없으므로, 꽃대가 나오려는 윗줄기를 질러주고 곁가지들을 기른다. 쑥갓, 바질 등.

싹 지르기

감자의 경우 씨감자에 싹이 많이 나면 줄기성장에 양분이 많이 가서 땅속 열매는 적어지고 크기도 잘아진다. 2~3개의 싹만 남기고 뽑아서 제거한다.

병해충 관리하기

채소를 기르다 보면 병해충이 많이 생긴다. 그렇다고 바로 농약을 치면 당장의 문제는 해결될지 몰라도 작물이 방어능력을 키울 새가 없어 더욱 허약해진다. 건강하게 자란 작물은 독특한 향, 맛, 코팅막 등 다양한 방어무기로 병해충을 이겨낸다. 자생력 강한 튼튼한 채소로 자라도록 좋은 환경을 조성해주는 것이 병해충 관리의 최선이다.

흙을 가꾸는 것이 병해충 방제의 으뜸!

양분을 골고루 갖춘 건강한 흙에는 나쁜 병균을 잡아주는 유익한 미생물이 많다.

과도한 비료 사용을 금한다.

과도한 질소질 비료는 벌레를 꼬이게 만들고 벌레는 각종 병균을 옮긴다. 거름은 좀 모자란 듯 주는 게 안전하다.

돌려짓기를 한다.

한 종류만 계속 같은 곳에 이어지으면 토양 속 병해충이 증식한다. 계획을 세워 장소를 바꿔가며 심는다.

통풍이 잘되게끔 한다.

작물의 질병은 대부분 곰팡이균이 원인인데, 습도가 높고 햇빛이 부족할 때 급격히 발생한다. 포기 간격을 충분히 주고 약하고 늙은 잎은 제거해 통풍에 힘쓴다.

알맞은 시기에 좋은 모종을 심는다.

작물마다 재배적기에 맞추어 심고, 튼튼한 모종으로 골라야 병해충 위험이 적다.

농약보다 천연 약제!

농약은 흙 속의 미생물과 천적마저 죽인다. 토양과 작물에 해가 없는 천연 약제를 만들어 뿌리자!

작물이 어릴 때는 병해충에 속수무책인 듯해도 어느 정도 자라 자생력이 강해지면 병해충이 덜하다. 병해충이 아예 없을 수는 없으니, 보이는 대로 다 제거하려는 마음을 버리고 작은 피해는 감수하는 느긋한 마음을 갖자!

자주 보이는 병해충

진딧물

28점박이 무당벌레

배추흰나비 애벌레

흰가루병 노균병

솎아내기

보통 씨를 뿌릴 때는 100퍼센트 발아가 안 되거나 불량 싹이 났을 때를 대비해 넉넉히 뿌린다. 처음 싹이 촘촘히 났을 때는 좁은 듯 느껴지지만, 싹이 서로 기대어 비바람 등을 견디며 자라기에 성장에는 더 좋다. 작물이 점차 커가면 밀식된 부분을 뽑아 간격을 넓혀주어야 하는데 이를 '솎아내기'라고 한다. 본잎이 1, 2장일 때부터 솎아내기를 하고, 이후 최종 포기 간격에 맞게 몇 차례 더 솎아낸다. 어느 정도 자란 잎은 솎아서 반찬으로 활용한다. 솎아내기를 간과하면 너무 밀식되어 자라 진딧물과 같은 병해충이 생길 수 있고 제대로 된 크기로 못 자라 수확량이 적어진다. 아깝다고 생각하지 말고 그때그때 과감하게 솎아내기를 하자.

서로 기대어 자라는 열무싹.

최초 본잎이 1~2장일 때

이후 2~3회 나누어 솎아준다.

수확하기

수확은 햇빛 뜨거운 낮보다 아침 또는 저녁에 해주어야 수확물의 온도가 낮아 쉽게 시들지 않는다. 열매채소는 수확을 늦추면 맛과 저장성이 떨어지니 적기에 수확한다. 잎채소와 뿌리채소는 아주 크게 성장했을 때보다 약간 어리다 싶을 때 수확해야 맛이 좋다.

7월 어느 날의 텃밭 수확!

텃밭에 유용한 도구

도구는 쓰고 난 후 잘 챙겨 비 맞지 않는 곳에 세워서 보관!

그 외에 유용한 도구

밭일용 방석

휴대용 모기향

텃밭 배치도 그리기

밭을 만들기 전에 미리 기를 채소를 정해 어디에 배치할지 그림으로 그려보자.

볕이 잘 드는 쪽으로 햇빛 요구량이 많은 작물을 배치하고, 키 큰 작물은 그늘을 만드니 키를 맞춰서 배치하자.

깻잎, 바질과 같은 허브류와 미나리과의 당근, 국화과의 쑥갓같이 잎에서 향이 나는 작물은
벌레가 싫어하므로 벌레가 잘 생기는 작물 사이사이에 배치하면 좋다.

한눈에 보는 재배 시기

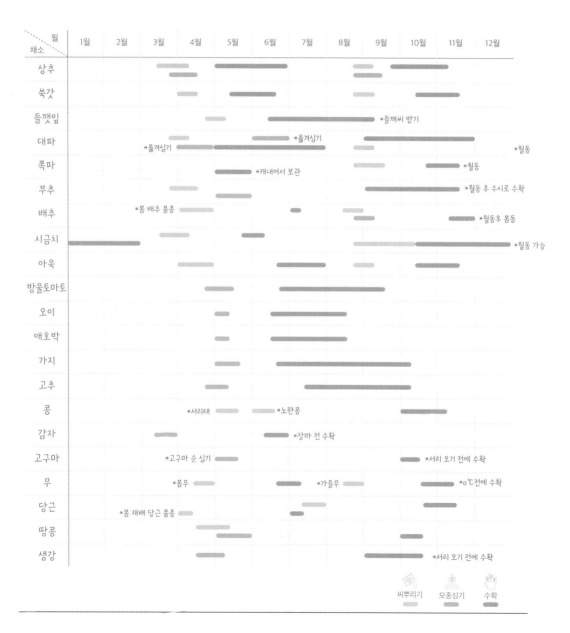

월 채소	1월	2월	3월	4월	5월	6월	7월	8월	9월	10월	11월	12월
상추												
쑥갓												
들깻잎								*들깨씨 받기				
대파			*옮겨심기				*옮겨심기				*월동	
쪽파						*캐내어서 보관				*월동		
부추									*월동 후 수시로 수확			
배추			*봄 배추 품종							*월동후 봄동		
시금치										*월동 가능		
아욱												
방울토마토												
오이												
애호박												
가지												
고추												
콩				*서리태		*노란콩						
감자							*장마 전 수확					
고구마			*고구마 순 심기						*서리 오기 전에 수확			
무			*봄무			*가을무			*0℃ 전에 수확			
당근		*봄 재배 당근 품종										
땅콩												
생강									*서리 오기 전에 수확			

씨뿌리기　모종심기　수확

35

내 땅엔 지렁이가 보물 !!

텃밭을 가꾸는 건 좋은데 지렁이가 나올 땐 너무 싫어~

무슨 소리~ 난 너무 좋아!

틈새가 없이 단단하고 척박한 땅은 식물이 뿌리 뻗기 힘들어.

옴마야 옴짝달싹

흙은 작은 알갱이들이 모여 큰 덩어리들을 이루고 흙 사이에 틈새가 많아야 해. 그래야 공기도 물도 잘 통하고 식물의 뿌리가 자유롭게 뻗을 수 있거든.

흙에 이러한 틈새를 만들어주고 양분까지 제공해주는 큰 역할을 하는 존재가 있으니, 그게 바로 지렁지렁 지렁이야.

짜잔!

지렁이는 땅속을 2~3m 깊이까지 돌아다니며 지렁이굴을 만들어. 그 굴이 흙 속에 틈새를 만들어주니 지렁이는 그야말로 땅을 깊이깊이 갈아주는 살아 있는 쟁기라고 할 수 있지.

지렁이는 돌아다니면서 흙과 유기물을 먹지. 그리고 소화해서 지렁이똥(분변토)를 분비하는데 그 안에는 이로운 미생물과 무기화된 식물양분을 가득 담고 있어.

분변토로 인해 식물 영양소인 질소, 인산, 칼륨은 3배로 칼슘은 4배로 많아지지!

하루에 자기 몸의 20~30배의 흙과 유기물, 미생물을 먹고 더 영양 가득한 기름진 흙을 배출한다고!

지렁이똥 =분변토

그러니까 지렁이가 많은 땅일수록 척박하지 않은 살아 있는 비옥한 땅이라고 생각하면 되지.

흙도 기름지게 하는 거름 역할!

난 땅도 갈아주고,

시중에는 천연 유기질 비료 흙으로 지렁이 분변토가 판매되고 있어.

지렁이 퇴비

분변토

이렇게 값어치가 높으니 땅을 갈다 지렁이가 나오면,

어머! 반가와~

이쪽으로 옮겨줄게~

흙 속의 보물처럼 귀하게 여기라고!

호주나 열대지방에는 길이가 3~4m나 되는 지렁이가 있다고 하던데…

요거 한마리 있으면 경운기가 필요 없겠네!

2장

초보자도 쉽게 기르는
파릇파릇 잎채소

첫 도전은 가볍게

상추

누구나 쉽게 기를 수 있는 상추!
별다른 관리가 없어도 쑥쑥 잘 자라,
일주일에 한두 번 상에 올리기 바쁘다.
바로바로 신선하게 따먹는
채소 기르기의 재미를 상추에서부터 시작해보자!

상추의 효능

상추에 풍부한 비타민 A, B1은 피부 노화를 막고 골다공증을 예방해준다.
상추는 갱년기 여성에게 좋은 채소!

여성을 위한 채소!

상추에 풍부한 비타민 A, B1은 피부 노화를 막고 골다공증을 예방해준다.
상추는 갱년기 여성에게 좋은 채소!

시원~하다!

상추 줄기를 자르면 나오는 흰 즙인 락투신 은 신경 안정과 수면 유도 효과가 있어 신경과민, 불면증에 좋다.

천연 수면제

상추를 바짝 가열해 말린 후, 가루 내어 치약에 묻혀 양치하면 치아 미백 효과를 볼 수 있다.

재배 일정

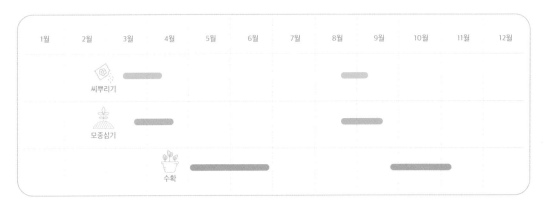

	1월	2월	3월	4월	5월	6월	7월	8월	9월	10월	11월	12월
씨뿌리기			▬▬					▬				
모종심기			▬▬					▬▬				
수확				▬▬▬▬						▬▬▬		

 재배 순서

1. 밭 만들기

① 상추는 비교적 땅을 가리지 않고 잘 자란다. 물빠짐이 좋은 비옥한 흙이면 더욱 좋다.

② 씨뿌리기 2주 전 밑거름을 넣고 흙을 부드럽게 일궈준다.

③ 1m 너비의 낮은 두둑을 만들어준다. 물빠짐이 나쁘다면 습기 피해를 받지 않게 두둑의 높이를 올려준다.

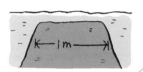

2. 씨 준비하기

① 상추는 모양과 색에 따라 다양한 품종이 있는데 크게는 치마상추와 축면상추, 2가지 품종으로 나뉜다.

② 각 품종은 다시 적, 청, 흑, 먹색의 색깔로 나뉘어 판매 된다.

잎따기 전용상추, 잎 수가 많다. 타원형의 평평하고 긴 잎.

치마상추

포기째 또는 한잎씩 수확. 잎끝이 오글오글한 주름모양이고 얇다.

축면상추

녹색 청치마 / 붉은색 적치마 / 흑자색 흑치마

다양한 상추 품종이 나와 있어 골라 심는 재미가 있다.

씨뿌린 대로 자란 청치마, 적축면, 적치마 상추.

① 15~20도가 씨뿌리기에 가장 적당하다. 상추는 더위에 약해 25도 이상이 되면 싹을 틔우지 않거나, 자란 것은 꽃대를 낸다. 너무 늦봄에 파종하지 말도록!

난 서늘한 기후가 좋아!

② 15~20cm 간격으로 호미로 살짝 골을 내어 줄뿌림을 한다.

1cm 간격으로!

15~20cm

③ 상추씨는 광발아종자라 흙을 두텁게 덮으면 싹이 잘 나지 않는다. 고운 흙을 0.5cm 이하로 얇게 덮고 물을 준다.

한꺼번에 주지 말고, 물뿌리개로 살살~

4. 모종 만들기

상추는 바로 본밭에 씨를 뿌려도 되지만 해가 잘 드는 베란다나 온실에서 미리 모종을 내어 옮겨심을 수도 있다. 그러면 냉해 피해 없이 더 튼튼히 자랄 뿐 아니라, 며칠 더 이르게 상추를 맛볼 수 있는 이점이 있다.

모종을 키우는 상토는 종묘상에서 구입할 수도 있고, 직접 만들 수도 있다.

2~3개씩 씨를 넣고 가볍게 덮은 후 물을 준다.

＊상토(모종을 키우는 좋은 흙)
＝깨끗한 흙3 + 모래1 +
숯가루1 + 거름10%

나왔구나, 나왔어!!
덩실
덩실

이른 봄, 비닐 안에서 키운 모종판에 상추 싹이 났다.

상추는 뿌리가 약하니까 살살~

잔뿌리가 다치지 않게 조심히 빼내 본밭에 심는다.

5. 모종 사기

① 밭이 작거나 적은 포기를 키운다면 시장에서 상추 모종을 구입해 심으면 편하다. 특히 처음에는 모종을 구입해 심어보고, 그 다음 씨뿌리기에 도전하는 게 좋다.

② 모종을 구입할 때는 키가 크고 웃자란 것보다 키가 짧고 줄기가 굵은 것으로 고른다.

③ 4인 가족 기준으로 15~20포기면 충분하다.

색깔·종류별로 다양하게 구입해 심자!

6. 옮겨심기

① 모종의 본잎이 5~6장 나왔을 때 본밭에 옮겨심는다. 화분에서 모종을 꺼낼 때 흙이 부서져 뿌리가 상하지 않도록, 물을 뿌려 적셔준 후 조심히 빼낸다.

② 옮겨심을 곳에 모종 크기의 구멍을 파서 물을 주고 스며들 때까지 기다렸다가 15~20cm 간격으로 심는다.

③ 심고 난 후 다시 물을 조심스럽게 준다.

밑의 구멍을 손가락으로 살짝 눌러 꺼낸다.

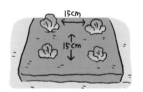
15cm
15cm

비 오는 날 심으면 물을 주지 않아도 되어 편하다.

동네 모종 가게의 갖가지 종류의 상추 모종.

종류별로 사온 모종, 누런 잎이 없고 웃자라지 않은 것으로 고른다.

45

7. 가꾸기

① 상추는 뿌리를 얕게 뻗어 가뭄 해를 받기 쉽다. 건조하지 않도록 자주 물을 주는데, 너무 많이 주면 병이 잘 생기고 웃자라므로 주의한다.

② 밭에 바로 씨를 뿌린 경우 본잎이 1~2매 났을 때부터 솎아주기를 한다. 최종 간격 15cm 이상이 되도록 2~3회 솎아준다.

③ 첫 수확 후 풀을 매주며 웃거름을 주면 좋다. 포기에서 10cm 떨어진 곳에 주먹만 한 구덩이를 양쪽에 낸 후 퇴비를 넣어주고 흙을 덮어주면 된다.

화분 재배라면 매일 1회씩!

솎은 것은 비빔밥등으로 먹자!

8. 수확

① 심은 후 한 달즈음부터 수확할 수 있다. 크게 자란 바깥잎부터 차례대로 따먹는다. 중간중간 잎을 따주면 공간이 생겨 더 잘 자란다.

② 한번에 너무 많이 따면 그루가 약해지므로, 안의 5~6장 정도는 남겨놓는다.

③ 날씨가 더워지면 위로 계속 자라다 꽃대를 낸다. 꽃을 피워 씨앗을 받을 것을 제외하고 뽑아내 정리한다.

똑

다 따내면 광합성을 못해 양분이 부족!

꽃대를 내면 상추잎은 맛이 써지고 뻣뻣~

솎아내기. 물을 촉촉하게 뿌려주고 솎아야 뿌리부분이 뚝 잘리지 않는다.

크게 자란 상추의 바깥잎부터 따먹는다.

상추씨 받기

여름 날씨가 되어 갈수록 어느 정도 뜯어먹은 상추는 키를 키우며 꽃대를 낸다. 꽃대를 낼 때 즈음이면 상추 잎은 윤기를 잃은 탁한 색을 띠고 뻣뻣해져 먹기에 부담스럽다. 뽑아서 밭을 정리하고, 종류별로 한 포기 정도만 남겨 꽃을 피워 상추 씨앗을 받아보자.

*상추 꽃이 지고 누렇게 변해가면 꽃대를 베어 거꾸로 매달아 잘 말린다.

*잘 갈무리하여 냉장고 등 시원한 곳에 보관했다가 다음 계절에 파종!

7월 초 키를 키우며 꽃을 피우는 청상추.

국화과의 노란 상추 꽃.

바짝 말려 갈무리한 적상추의 꽃들.

씨앗은 보통 2년까지 파종 가능!

솜털이 난 꽃을 비비면 상추씨가 가득이다.

47

여러 가지 쌈 채소를 길러보자!

상추는 치마상추와 축면상추뿐 아니라 모양과 식감이 다양한 여러 품종이 나와 있다. 또 상추 외에도 쌈채소로 먹을 수 있는 다종다양한 채소가 있어 그 수를 셀 수 없을 정도다. 봄가을에 종묘상이나 모종 가게를 둘러보며 그동안 키워보지 못한 쌈채소류를 골라 사는 것도 텃밭 가꾸기의 즐거움 중 하나라 할 수 있다. 쌈채소는 굳이 씨를 구입할 것 없이 모종 가게에서 종류당 두어 개씩만 모종을 구입해 심어도 충분하다.

로메인 상추 로마인들이 즐겨 먹던 상추의 한 종류로 잎이 평평하고 부드러우며 아삭하다. 보통 상추보다 쓴맛이 적고 단맛이 난다.

적양상추 잎따기 전용으로 나온 쌈채용 양상추. 아삭거리는 맛이 일품이다.

청오크리프상추 참나무 잎을 닮은 유럽 상추의 한 품종. 좁은 잎 모양의 상추로 맛은 담백하고 잎줄기가 도톰해 즙이 많고 아삭거린다. 서양에서는 고기 요리에 필수 채소다.

적오크리프상추 붉은색을 띤 오크리프상추.

레드치커리 라디초라 불리며 잎이 부드럽고 독특한 맛이 있다. 날이 추워질수록 자주색이 진해진다. 쌈뿐 아니라 샐러드 요리에도 이용.

단델리온 식용 서양 민들레로 잎이 두텁고 줄기가 적색이며 쓴맛이 강하다. 건강채소로 위와 심장을 튼튼하게 하고 천식에 좋다.

겨자 갓의 일종으로 청색과 적색 겨자가 있다. 진하고 톡 쏘는 매운 맛과 향기를 갖고 있으며, 눈과 귀를 밝게 하고 마음을 안정시키는 데 효과가 있다.

엔디브 잎이 길고 가늘며 오글오글하다. 씹는 맛이 좋고 은은한 쓴맛이 있어 다양한 용도로 쓰인다. 시장에서는 엔디브가 '치커리'로 잘못 표기되어 있기도 하다.

실속있는 모둠 상추

8가지 모둠 양상추 씨앗을 뿌려 자란 상추 화분. 요즘은 '모둠 상추', '혼합쌈채' 등의 이름으로 다양한 품종의 쌈채소 씨앗을 혼합해 한 봉투에 담아 판매한다. 씨앗봉투 하나 가격으로 5~8가지의 다양한 종류의 쌈채소를 기를 수 있어 실속 있다.

1. 4월 초, 떡잎 사이 튼튼한 본잎이 나온 청치마 상추.

2. 본잎이 1~2장 났을 때부터 부지런히 솎아주기 시작!

3. 4월 중순, 중간 솎기. 충분히 자랄 공간을 만들어야 크게 자란다.

4. 5월 초, 두어 번 솎기를 한 후 잘 자란 청치마, 적축면 상추.

5. 9월 초, 종류별로 골라 사 온 상추 모종. 보통 4~5개 천 원 정도.

모종 뒤 구멍 속!

6. 모종에 물을 주고 스며들면, 포트 밑의 구멍으로 손가락을 넣어 빼낸다.

7. 미리 자리를 잡아놓고 심으면 편하다. 화분재배 시 상추 간격은 10cm 이상.

9. 작은 화분 가득 모둠 양상추 씨앗으로 키운 쌈채소.

8. 모종 심고 보름 후의 상추 화분. 가을 상추는 색도 짙고 두 꺼워 더 맛있다.

10. 이사 후 이웃과 친분을 쌓는데 도움을 준 쌈채소밭.

11. 한 달에 두어 번은 모둠 쌈채소를 부모님과 이웃 에 선물!

12. 연보라 빛의 치커리 꽃.

쑥갓

쑥갓은 상추가 자라는 곳 한 귀퉁이에
두어 줄만 심으면 쌈으로 먹거나 찌개 등에
넣어 먹기에 적당하다.
향기롭고 연한 잎은 밥상에 올리고,
노란 국화 같은 쑥갓 꽃은 집 안 꽃병에 들이니
그야말로 입과 눈을 즐겁게 해주는
고마운 채소가 바로 쑥갓이다.

🥄 쑥갓의 효능

쑥갓의 독특한 향 성분은 고기의 비린 맛을 제거해줄 뿐 아니라 입맛을 돋우며 소화를 도와준다.

쑥갓은 위를 따뜻하게 장을 튼튼하게 해주며, 심신을 안정시키는 데 효과가 있다.

편안~

쑥갓은 비타민을 비롯해 몸에 좋은 무기질이 다른 녹황색 채소보다 많아, 기력을 보충하고 병에 대한 저항력을 높여준다.

철분 비타민 칼슘 칼슘 마그네슘

쑥갓의 풍부한 식물성 섬유는 장을 자극하여 변비를 없애준다.

변비끝!

🥄 재배 일정

1월	2월	3월	4월	5월	6월	7월	8월	9월	10월	11월	12월

씨뿌리기

수확

 재배 순서

1. 밭 만들기

① 건조하지 않고 유기질이 풍부한 비옥한 곳을 선택한다.

② 자라는 기간이 짧아 웃거름 없이 밑거름만으로 키울 수 있다. 씨뿌리기 2주 전 밑거름을 충분히 넣고 흙을 일궈준다.

③ 여름 재배 시 날이 더우면 꽃대를 내거나 병에 걸리기 쉬우니 씨뿌리기가 너무 늦지 않도록 주의한다.

건조에 약해~

((완숙퇴비))

벌써 꽃이?!

2. 씨뿌리기

① 폭 1m의 두둑에 20cm 간격으로 줄뿌림하고, 화분 재배 시엔 흩어뿌린다.

② 자라는 동안 겉흙이 마르지 않도록 물을 주고 김을 매준다.

③ 최종 간격 15~20cm가 되도록 중간중간 솎아준다.

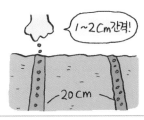

1~2cm간격!

20cm

솎은 것도 먹자!

∧ 아시아중엽쑥갓

쑥갓은 대엽, 중엽, 소엽이 있는데, 그중 중엽종이 많이 재배된다.

싹트기 좋은 온도는 15~20℃!

4월 초 쑥갓 싹, 쑥갓은 서늘한 기후를 좋아한다.

3. 모종심기

① 상추와 같이 화원에서 모종을 사서 심으면 재배도 쉽고 빨리 수확할 수 있다.

② 옮겨 심을 곳에 모종 크기의 구멍을 파서 물을 주고 스며들 때까지 기다렸다가 15cm 정도 간격으로 심는다.

③ 작은 화분에 심더라도 쑥갓 모종의 간격은 10cm 이상 벌린다. 간격이 좁을수록 덩치가 작게 자라 수확이 적다는 것을 명심!

쑥갓모종

※ 처음이라면 상추와 같이 모종부터 기르자!

←10cm이상→

4. 수확

① 키가 15~20cm가 되면 순지르듯 위에서부터 원줄기를 잘라 먹는다.

② 줄기 사이사이로 나오는 곁가지를 나오는 대로 잘라 먹는다.

바로바로 따먹자!

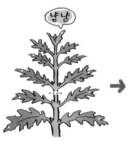

냠냠

→

냠   냠

주의!
키를 키우려고 수확을 늦추면,
줄기가 질겨지고 꽃대가 올라오며
진딧물이 많이 생길 수 있다.

쑥갓!

상추밭 한 옆에서 자라는 쑥갓, 모둠쌈 터가 따로 없다.

윗대부터 잘라먹고,

아래 곁가지를 키운다.

쑥갓은 곁가지들이 옆으로 퍼지듯 왕성하게 난다.

쑥갓 꽃도 보고, 쑥갓 씨도 받고

날이 더워지는 6월 중순 경이 되면 쑥갓은 키를 키우며 꽃대를 낸다. 소박한 노란색의 쑥갓 꽃은 국화과 채소답게 꽤 오래도록 텃밭을 장식해준다. 쑥갓을 채소로 먹는 곳은 우리나라와 아시아권 몇 나라뿐이고, 서양에서는 쑥갓을 먹지 않고 꽃을 보기 위해 화초로 재배한다. 이렇게 관상용으로 재배할 만큼 예쁜 쑥갓 꽃이 피면 바로 뽑지 말고 국화꽃 같은 노란 꽃도 감상하고, 가을과 다음 해 봄을 위한 쑥갓 씨앗도 받아보자.

- 쑥갓 꽃이 지면 바짝 말린 후 손으로 꽃덩이를 부수면 씨앗이 우수수 떨어진다.
- 쑥갓의 씨앗은 2개월가량 휴면을 한다. 가을에 씨를 뿌리기 전에 두 달가량의 휴면 기간을 확인하고 뿌리자.

6월 말 피어난 국화과의 노란 쑥갓꽃.

쑥갓 꽃을 꺾어 집 안에 들이면 국화만큼 오래간다.

꽃이 진 후 바짝 말려 다음 해 씨앗으로!

말린 꽃덩이를 부수면 씨앗이 하나하나 나뉜다.

쑥갓 모종!

1. 4월 초, 동네 화원에서 산 쑥갓 모종.

2. 화분재배 시 최소 10cm 이상 간격을 충분히 띄워 모종을 심는다.

3. 5월 중순, 씨를 뿌려 작은 화분 가득 자란 쑥갓. 솎아서 먹을 수도, 다른 화분에 옮길 수도 있다.

4. 5월 말, 작은 화분 2개에서 한아름 첫 수확. 맨 윗대부터 부지런히 따먹는다.

잎 속을 다니며 갉아먹는 '굴파리'

*병해충 관리 – 쑥갓의 오랜 잎에는 상추, 열무 등의 잎채소에 자주 보이는 '굴파리' 유충이 생길 수 있다. 그냥 두면 잎 속에서 나와 날아다니며 바로 근처에서 또 번식하니, 보이는 즉시 따서 멀리 버린다.

대충 심어도 잘 자라는

들깻잎

들깻잎은 없으면 아쉬운 쌈채소일 뿐 아니라,
장아찌, 나물, 찜 등으로 활용이 많은 채소다.
야성이 강해 아무렇게나 길러도 잘 자라니
자투리 공간을 활용해 심어보자!

들깻잎의 효능

들깻잎 특유의 향과 정유 성분은 육류의 누린내,
생선의 비린내를 없앨 뿐 아니라
식중독을 예방하는 방부 역할을 한다.

생선회·육회엔
내가 꼭!

칼륨, 칼슘, 철분, 비타민을 많이 함유하고 있어
병에 대한 저항력을 높여주고
각종 성인병 예방에 효과가 있다.

칼슘이
시금치의 5배!

들깻잎은 성질이 따뜻해 감기로 인한
기침, 발열, 오한에 효과가 있고 기의 순환을 촉진시킨다.

따뜻~

또한 피부 미백 효능을 지닌 성분이
다량 함유되어 있어 주근깨, 기미를 만드는
멜라닌 색소의 생성을 억제해준다.

뽀얀 피부는
깻잎덕!

 ## 재배 일정

1월	2월	3월	4월	5월	6월	7월	8월	9월	10월	11월	12월
			씨뿌리기								
				수확							

 재배 순서

1. 밭 만들기

① 물 빠짐이 좋고 해가 잘 비치는 곳으로 선택한다.

② 씨뿌리기 2주 전 밑거름을 넣어 섞은 후, 물 빠짐이 잘 되게끔 적당한 높이로 올린 폭 1m의 두둑을 만든다.

③ 들깨는 워낙 야성이 강해 자투리땅이나 길가, 밭두둑에 대충 심어도 잘 자란다.

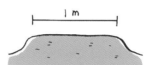

1 m

밭 사이사이에 심으면 들깨향으로 해충예방!

2. 씨뿌리기

① 지난해 수확한 종자나 종묘상에서 씨를 구입해 뿌린다. 시장에서 깻잎 모종을 구입해 심을 수도 있다.

② 심을 곳에 바로 뿌려 솎아내며 키울 수도 있고, 한 군데 모종을 만들어 6월 중순께 2~3포기씩 떼어 옮겨심어도 된다.

③ 씨를 뿌릴 때는 흩어뿌리거나 20cm 골 간격으로 줄뿌림한다.

깻잎 모종

들깨

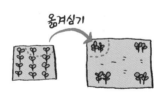

옮겨심기

땅 온도가 20℃ 이상 되어야 싹이 잘 튼다.

20 cm

넓적한 떡잎을 가진 들깨 싹, 날이 충분히 따뜻하지 않으면 싹이 잘 안 튼다.

본잎이 튼튼하게 나기 시작, 벌써부터 깻잎향이 가득이다.

3. 가꾸기

① 자라면서 서로 잎이 마주치지 않게 중간중간 솎아준다.

② 잎이 5장 정도일 때 옮겨심을 수 있다. 2~3개씩 모종을 붙여 20cm 간격으로 옮겨심는다.

③ 옮겨심은 후 시들지 않게 틈틈이 물을 주고, 어느 정도 키가 클 때까지는 풀매기와 북주기에 힘쓴다.

솎은 것은 줄기째 나물로 먹거나, 옮겨 심어도 된다.

키가 큰 모종은 휘어 심는다.

4. 수확

① 잎이 어느 정도 커지면 일주일 간격으로 수확할 수 있다. 제일 위의 보기 좋게 크게 자란 잎을 딴다.

② 밑의 곁가지를 따주면 잎을 더 크게 키울 수 있다. 따낸 곁가지는 나물 등으로 먹는다.

③ 따낸 깻잎은 쌈뿐 아니라 깻잎 김치, 찜, 나물, 부각, 전 등 다양하게 활용해 먹을 수 있다.

깻잎 장아찌로 1년 내내 든든 반찬!

이 진한 깻잎향~

손바닥만큼 자란 윗대의 잎을 따면 옆의 잎이 다시 그만큼 커진다.

깻잎 순!

아랫단의 곁가지는 수시로 따 깻잎순나물로 먹는다.

들깨 받기

9월 중순 즈음이 되면 들깻잎이 쇠어지면서 하얀 들깨꽃이 피기 시작한다. 10월로 들어서면 꽃은 지고 씨가 들어 있는 꼬투리는 점점 누렇게 변해간다. 꼬투리가 짙은 고동색으로 변할 때까지 기다렸다가 조심스럽게 베어 통풍이 잘되는 곳에 두고 말린다. 바짝 말려 받아낸 들깨는 고소한 들기름을 얻기에는 적은 양이지만, 내년 종자로 또는 가루를 내 탕이나 죽에 넣어 먹을 수 있다.

- 종자용으로 받아놓은 들깨 씨는 기름 성분으로 금방 상해 발아가 안 될 수 있으니, 꼭 밀폐해서 냉장고에 보관하자.
- 꽃대를 내기 시작하면, 잎은 억세지고 맛도 없어 먹을 수 없다. 들깨를 받지 않을 계획이면, 꽃이 피기 전에 미리 깻잎대를 정리하고 다음 가을작물에 자리를 내어주도록 한다.

들깨 꽃은 그대로 따 튀김이나 부각으로 먹을 수도 있다.

말려진 꽃송이 하나에 들깨 네 알이 또르르~

받아낸 들깨. 들기름을 짜려면 20평 이상은 지어야 한다고.

67

1. 깻잎은 가슴 높이까지 자라는 덩치가 큰 작물! 제대로 자라기 위해선 큰 화분이 필요하다.

3. 잔뿌리가 다치지 않게 2~3개씩 떼어내어 간격 15cm 정도 벌려 눕혀 심는다.

5. 6월 중순, 가슴께까지 키가 자란 깻잎 화분.

2. 4월 말, 집 앞 모종 가게에서 깻잎 모종 2개를 구입.

4. 5월 중순, 화분 가득 메우며 자란 들깻잎.

6. 4~5일에 한 번씩 깻잎 수확이 가능하다.

일 년 열두 달 필요한

대파

온갖 음식의 기본양념으로 들어가는 대파.

일 년 열두 달 냉장고 야채칸에 없어서는 안 될 대파.

이젠 대파를 직접 길러 필요할 때마다

원하는 만큼 뽑아먹자!

대파의 효능

파의 향기는 정신적 피로나 흥분을 가라앉히는 진정 작용을 하여 불면증에 특효!

불면증에 파아~

파는 혈액의 흐름을 원활히 하고 몸을 따뜻하게 해주어 감기 예방, 치료에 도움을 주는 감기처방약!

감기엔 날 드셔!

파의 매운 성분은 소화액의 분비를 촉진하여 식욕 증진에 효과적!

요새 식욕이 좋아~

파는 탄수화물, 단백질, 칼륨, 철분, 인, 비타민 등을 가득 담고 있는 영양덩어리!

영양쨩!!

 ## 재배 일정

	1월	2월	3월	4월	5월	6월	7월	8월	9월	10월	11월	12월
씨뿌리기												
옮겨심기												
수확												

재배 순서

1. 밭 만들기

① 대파를 심으려는 곳은 특히 물 빠짐이 좋아야 한다.

② 물에 약한 대파는 물 빠짐이 나쁘면 뿌리 부분이 쉽게 썩을 수 있다.

③ 씨뿌리기 2주 전 밑거름을 넣고 밭을 잘 일궈준다.

2. 씨뿌리기

①

② 호미로 가볍게 줄을 그은 후 1cm 간격으로 줄줄이 씨를 뿌려준다.

③ 씨앗의 2~3배의 고운 흙을 덮어준 후 물을 뿌린다. 발아될 때까지 건조하지 않게 젖은 신문지나 짚을 덮어주면 좋다.

매해 대파 씨를 직접 받아 심으면, 묵은 씨 걱정 없어 안심!

머리를 접고 나오는 대파 싹. 어느새 접은 몸을 펴고 'l'자가 된다.

73

3. 솎아주기

① 며칠 후 머리를 접고 나오는 귀여운 싹을 볼 수 있다. 싹이 나오면 덮어놓은 신문지, 짚 등을 치운다.

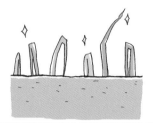

② 잎이 2~3매일 때 서로의 간격이 1~2cm가 되도록 중간중간 솎아낸다.

아까와도 솎아, 솎아~

③ 25cm 이상의 키에 연필 굵기 정도가 될 때까지 기른다.

같은 허리 사이즈.

4. 옮겨심기

① 옮겨심기 2주 전 옮겨심을 곳에 퇴비를 넣고 잘 일궈준다.

완숙퇴비

② 연필 굵기로 자란 파를 잔뿌리가 상하지 않게 잘 파내 20cm 깊이로 판 골에 5cm 간격으로 세워놓고 흙을 덮는다.

③ 조금 비스듬이 심어도 일주일쯤 지나면 똑바로 일어서 있다.

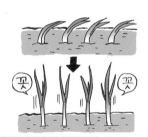

꼿

꼿

솎은거 아까우니 딴데다 심어줘야지

두어 번 솎아가며 충분한 자리를 만들어준다.

요 깊이만큼 묻기!

너무 눕혀서 심으면 휘어져 자라니 가능한 수직으로 세워서

에고~ 허리야

비 오기 전날 옮겨심으면 자리 잡기에 더욱 좋다.

5. 북주기

① 똑바로 일어선 후 수확하기 전까지 흙을 덮어주는 북주기를 2~3번 해준다. 북주기를 할 때는 퇴비를 섞어준다.

② 잎이 갈라져 있는 부분까지 흙을 덮지 않도록 한다.

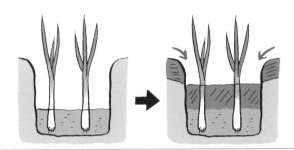

북주기를 해준 부분은 해를 보지 못해 하얗게 된다 (연백작용).

6. 수확

북주기 후 한 달 정도 지난 후부터 하얀 대 부분이 끊기지 않게 살살 뽑아 수확!
수확한 후엔 다른 파에 영향이 가지 않도록 뽑은 부분을 다시 흙으로 채워준다.

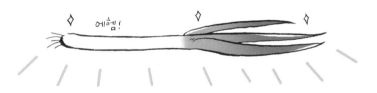

에헴!

꼬부라져도 좋아,
키 작아도 좋아!
내 손으로 대파 수확!

좋은 파의 조건!

하얀 부분이 30cm, 전체 길이가 50cm 이상이면 최상급 파~! 백색과 녹색 부분이 분명해야 품질 좋은 파로, 두 경계 부분이 애매하면 북주기가 엉성했다는 증거!
하지만 조금 부족한 모습이라도 직접 씨를 뿌려 수확하는 대파가 얼마나 기특하고 뿌듯한지 직접 경험해보길~!

꼭 기억! 파는 비료를 많이 필요로 하는 다비성 작물
파는 심기 전에 밑거름도, 자라고 있는 중간중간 웃거름도 충분히 주어야 굵고 튼튼한 파로 자란다. 웃거름을 줄 때는 작물에 직접 닿지 않게 작물 사이사이의 골을 호미로 긁어 퇴비를 넣고 흙으로 덮어주면 된다. 비 오기 전날 웃거름을 주면 더욱 좋다.

이때 물에 녹인 액비를 웃거름으로 주면 흡수가 빠른데, 그중 오줌액비를 주면 효과만점!
오줌액비는 잎이 잘 자라는 데 도움을 주는 질소질 비료일 뿐 아니라 인산, 칼륨 등 작물에 반드시 필요한 무기물이 많이 들어 있다.
오줌액비는 특히 대파, 쪽파, 양파와 같이 파류에 사용하면 몸에 좋은 성분들이 많아지고 맛과 향도 좋아진다고 한다.

대파 + 미역 = X

국에는 빠짐없이 들어가는 송송 썬 대파! 하지만 미역국에는 넣지 않는 이유!

바로 파의 향기 물질인 유황 성분이 미역에 풍부하게 들어 있는 칼슘 흡수를 방해하기 때문.
또 파의 미끈거리는 부분과 미역의 미끈거리는 부분이 더해지면 먹기에도 부담~!

오줌액비 만드는 방법

오줌액비는 줄기, 잎사귀 채소에 매우 좋은 웃거름 비료!
파뿐 아니라 상추, 배추류같이 잎사귀를 먹는 채소에
특히 효과만점!

77

8. 겨울, 그리고 봄의 대파 관리

산책 중 만난 어느 집 대파 밭.

집 앞 노인회관 앞 대파 밭. 할머니들이 정성으로 기르셨다.

① 대파는 한겨울에는 굵은 것으로 뽑아 화분으로 옮겨 심어 베란다나 집 안에서 길러 먹을 수 있다. 겨우내 먹다 남은 것은 이듬해 봄이 되면 다시 밖에 내다 심으면 된다. 밖에 그대로 둔 대파는 얼음이 꽝꽝 어는 겨울일지라도 뿌리가 살아 있어 이듬해 봄에 다시 새 잎을 밀어낸다. 겨울을 이기고 봄에 새로이 자라는 대파는 단맛이 더 강하고 부드러워 그 맛이 일품이다.

② 꽃피는 봄이 무르익을수록 대파도 꽃을 피우려 꽃대를 내기 시작한다. 다가오는 가을과 다음 해 봄에 뿌릴 대파 씨를 받을 만큼만 놓아두고, 나머지 꽃대는 보이는 즉시 따준다. 꽃대가 나오면 파는 잎이 질겨지고 맛이 없어진다. 씨앗으로 자손을 남기는 것에 힘을 모두 쏟으면서 성장을 멈추어 줄기와 잎에 영양을 주지 않기 때문! 꽃대를 따주면 다시 줄기와 잎이 잘 자란다.

대파씨 받기

보통의 채소 씨앗은 발아 유효기간이 2년이지만, 대파는 해가 넘어가 묵으면 발아율이 현저히 떨어진다. 따라서 매해 대파 꽃 몇 송이를 남겨놓아 씨앗을 받아놓는 것이 좋다. 대파 꽃이 시들어 까맣게 씨가 맺히면 가위로 꽃대를 잘라 바짝 말린 후 털면 대파 씨앗이 우수수 떨어진다. 바짝 말리지 않으면 습기로 곰팡이가 생길 수 있으니 주의!

대파꽃

꽃이 시들면서 맺힌 씨

받은 대파 씨

대파를 기르는 4가지 방법

1  4월, 9월 초에 대파 씨를 구해 뿌린다.
대파씨 한 봉지에 2,000원~

 앗! 시기를 놓쳤어!

2  5월과 10월경 모종 가게나 재래시장에 가서 대파 모종을 구입해 심는다.
시골 5일장에선 확실히 구입할 수 있다~

 앗! 이것도 못 구했어!

3  4월과 6월경 실파를 구입해 심는다. 한두 달 정도 기르면 대파로 뽑아 먹을 수 있다.
시장에서 실파 한 단 구입~

 이도 저도 다 놓쳤어…

4  대파를 사서 흙에 심어 잘라 먹는다.
잘라 먹으면 또 잎이 자라고~

겨울철엔 요 방법으로!

 대파 쪽파 실파는 대파의 어린이!

실파, 대파, 쪽파의 차이점

실파는 대파의 어릴 때의 이름, 즉 실파가 자라 대파가 된다. 쪽파는 양파와 파의 교잡종, 씨로 자라는 대파와 달리 쪽파는 알뿌리를 심어야 한다. 쪽파는 향이나 점액이 적어 파김치나 다른 김치에 곁들이기에 적당하다.

  심어놓으면 해가 갈수록 구근이 번식한다

대파는 씨로, 쪽파는 구근으로 심는다.

79

1. 6월 초, 대파는 거름을 많이 필요로 하는 다비성 작물. 심기 2주 전 밑거름을 넉넉히 흙과 섞어 놓는다.

2. 6월 중순, 실파가 가장 싸게 나올 때 시장에서 한 단을 사 심기 전 뿌리 부분을 물에 잠시 담가놓는다.

3. 되도록 두께가 두껍고, 뿌리 부분이 실한 것으로 골라 사오면 좋다.

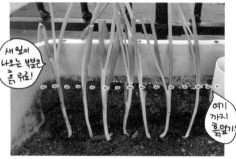

4. 앞으로 북주기할 것을 감안해 화분 가장 아래 부분에 놓고 잎이 갈라지는 부분까지 흙으로 덮어 심는다.

5. 실파 한 단 심은 모습, 화분에 흙을 3분의 2만 채운다.

6. 한 달 후 7월 중순, 실파에서 대파로 변신 중이다.

7. 한 달 사이 덩치를 불린 모습.

8. 이때 즈음에 모두 뽑아 깊게 다시 심어주거나, 흙을 더 높이 보태주어 해를 보지 못하게 해 흰 대를 더 길게 만든다.

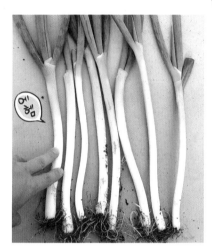

9. 다시 깊이 심고 한 달 후 8월 말, 쓰임이 많은 흰 대가 30cm 정도 되면 완성!

12. 5월, 한 해를 난 대파는 초여름 즈음이 되면 꽃대를 낸다.

10. 2월, 화분에 몇 뿌리 들여 뿌리를 남기고 잘라먹으며 겨우내 기른다.

11. 3월, 겨울을 난 이듬해 초봄의 대파. 추운 날씨로 더 달고 연해 가장 맛있다.

파김치, 파전에는

쪽파

씨가 아닌 알뿌리로 키우는 쪽파는
이미 싹이 나와 있는 상태에서 심기 때문에
파종 후 바로 파란 잎이 돋는 걸 볼 수 있다.
한 뿌리에 빽빽이 여러 잎들이 앞 다투어 올라와
하루하루 줄지어 키가 커가는
모습을 보는 재미가 꽤 크다.
한번 씨쪽파를 구입해 잘 기르면 알뿌리가 번식하여,
뽑아 먹고도 다음 해 가을 파종용으로 남겨둘 수 있다.

 쪽파의 효능

쪽파는 콜레스테롤를 낮추고
혈압 안정에 도움을 주어 동맥경화와
고혈압에 좋은 음식!

성인병 예방에는 쪽파!!

쪽파의 푸른 부분은
비타민과 미네랄이 다량 함유되어 있어
각종 질병 회복에 도움!

쪽파의 잎에는 토마토 2배의
카로틴이 있어
노화방지와 암 예방에 효과만점!

동안이 되고 싶은가?!

쪽파의 알린 성분으로
육류, 생선 비린내 안녕~!

나만의 향수~

 재배 일정

1월	2월	3월	4월	5월	6월	7월	8월	9월	10월	11월	12월
							알뿌리심기				
									수확		

1. 밭 만들기

① 쪽파의 생육 적정 온도는 15~ 20도, 물빠짐이 좋은 사질 토양에 서 잘 자란다.

② 쪽파는 대파와 같이 거름을 많 이 필요로 하는 작물, 파종 2주 전 밑거름을 충분히 뿌려 흙과 섞어 준다.

③ 쪽파는 씨가 아닌 알뿌리로 번 식한다. 8월 말~ 9월 중순경 모 종 가게나 시장에서 씨쪽파 알뿌 리를 구입한다.

2. 알뿌리 심기

① 덩어리져있는 쪽파를 쪼개어 심는데, 큰 것은 하나, 작은 것은 두 어 개씩 붙여 쪼개놓는다.

② 잘 발아하도록 바깥쪽 마른 껍 질을 벗겨내고, 가위로 아래 뿌리 부분과 위의 싹 부분을 일정한 길 이로 정리한다.

③ 10cm 간격으로 호미로 골을 파 뿌리의 간격 5~10cm로 씨쪽 파를 꽂듯이 심은 후 물을 충분 히 준다.

한꺼풀 껍질을 벗기고, 한 두개로 쪼개어 정리한 씨쪽파.

쪽파는 심고서 매일매일 파란 잎이 쑥쑥 자라 기르는 재미가 크다.

① 심고서 한 뼘 정도 잎이 났을 때, 또 이듬해 봄 3월에 작물 사이에 살짝 골을 낸 후 웃거름을 준다.

② 쪽파의 품종 대부분은 꽃대를 내지도, 꽃을 피우지도 않는다. 대신에 자랄수록 알뿌리들이 옆으로 계속 번식한다.

③ 초여름, 잎이 다 시들기 전 모두 캐어 그늘진 곳에 매달아 보관했다가 가을에 다시 심을 수 있다.

가을에 다시 부활!

① 파종 후 1~2개월 후부터 잎을 잘라 먹거나 뽑아서 먹을 수 있다. 서로간 거리가 가까우면 포기가 작게 자라니, 포기가 크고 길게 자란 것부터 차례대로 수확해 자리를 넓혀준다.

② 쪽파는 1년에 2번 수확이 가능한데, 심고서 그해 10월~11월과 겨울 월동 후 이듬해 4~5월에 수확할 수 있다. 봄 수확 후, 일부는 남겨놓아 가을파종용 씨 쪽파로 보관하자.

잎수확 / 뿌리째 수확

가을수확! / 봄수확!

쪽파잎, 푸르게 푸르게~

파종 후 20일, 빽빽이 자란 쪽파 잎을 볼 수 있다.

알뿌리 하나는 점점 여러 쪽으로 갈라져 번식하며 덩치를 불린다.

겨울을 나고 봄이 되면서 쪽파의 알뿌리는 몇 배로 번식하며 왕성히 자란다.

그러다 **5월** 이후-

날이 더워질수록 쪽파의 잎은 노랗게 변하고 쓰러지기 시작하면서 성장을 멈춘다.

왜? 우린 초여름엔 잠을 자기 때문이야!

잠자기 시작한 쪽파를 장마 전 모두 캐내어 하루 말린 후 바람이 잘 통하는 그늘에 매달아 보관한다.

양파망

30도 이상의 기온이 20일 정도 지속되면 그제야 쪽파는 잠에서 깬다.

어휴! 더워서 잠을 못 자겠네!!

잠이 깨어 다시 삐죽삐죽 새싹을 내는 알뿌리들을 정리하여 가을에 심으면 된다.

이 귀한 파뿌리!!

파뿌리에는 각종 비타민과 칼슘, 칼륨, 유황, 철분, 마그네슘 등 우리가 필요로 하는 영양소를 거의 함유하고 있다. 말린 파뿌리는 면역력 향상, 혈액순환, 피부미용, 감기 등에 효과가 있어, 한방에서는 말린 파뿌리를 '총백'이라는 약재로 쓴다. 이렇게 좋은 파뿌리, 아깝게 잘라서 버리지 말고 깨끗이 씻어 주방 한 켠에서 말린 후, 유용하게 쓰자.

*감기, 비염일 때 말린 파뿌리를 생강 등과 함께 끓여 차로 먹으면 좋다.
*육수를 낼 때 말린 파뿌리를 함께 넣어주면 잡내도 잡아주고 풍미도 살아난다.

화분에서 잘 자란 쪽파뿌리!

1. 9월 초, 시장에서 3,000원어치 구입한 씨쪽파. 벌써 파란 싹이 나 있다.

2. 넘어지지 않게 곧듯이 놓고, 싹이 살짝 보이게 흙을 덮고 물을 준다.

3. 심고서 일주일 후, 금방 뿌리가 내리고 키도 쭉쭉 컸다.

4. 10월 중순, 옆으로 알뿌리를 불리며 무성히 자란 쪽파.

6. 이듬 해, 장마가 오기 전에 모두 캐어 가을재 배용 씨쪽파로 보관한다.

5. 10월 말 수확, 키가 다 자란 것부터 필요한 만큼 뽑아 먹는다.

텃밭 초보도 손쉽게 기르는

부추

부추는 한번 심어놓으면 10년 이상은 수확할 수 있는 채소!

특별히 관리하지 않아도 워낙 잘 자라 게으름뱅이도

재배할 수 있다 하여

'게으름뱅이풀'이라는 별칭을 가지고 있다.

크게 자리를 차지하지 않으면서도 수시로

수확할 수 있으니, 텃밭 초보라 해도

손쉽게 수확의 기쁨을 누릴 수 있게 해준다.

부추의 효능

채소 중 가장 따뜻한 성질을 가진 부추는 몸이 차서 오는 설사, 냉증, 감기 예방에 효과적이다.

몸이 찬 사람, 내게 오시오!

부추는 혈액순환을 촉진시켜 나쁜 피를 배출하는 작용을 해 어혈이나 몸이 찬 사람의 생리통에 좋다.

생리통에 짱!

부추는 소화기능을 촉진시켜 위가 거북해서 오는 식욕부진이나 입덧에 좋다.

위장 따끈!

부추는 어깨 근육에 쌓인 피로를 풀어주고, 간기능을 활성화하여 간을 튼튼하게 해준다.

주물 주물

재배 일정

1월	2월	3월	4월	5월	6월	7월	8월	9월	10월	11월	12월

씨뿌리기

모종심기

*이듬해부터 3~11월 수확 가능

수확

1. 밭 만들기

① 부추는 한자리에서 10년 이상을 자라니, 한번 심어 오래 쓸 수 있는 곳으로 마련한다.

② 부추는 거름을 많이 필요로 하는 다비성 작물. 심기 2주 전 밑거름을 충분히 넣고 깊이 갈아둔다.

③ 크게 자리를 차지하지 않아 화분에서도 손쉽게 기를 수 있다.

물빠짐이 좋은 곳으로!

완숙 퇴비

재활용 스트로폼도 좋아요!

2. 씨뿌리기

① 3월 말~4월경, 부추 씨나 모종을 구입해 심는다. 부추 씨는 대파 씨와 마찬가지로 되도록 바로 전 해에 채종된 것을 확인하고 구입한다.

② 가볍게 호미로 줄을 그은 다음 1cm 간격으로 씨를 뿌린 후 물을 준다.

③ 씨로 심은 부추가 5cm 정도 자라면 살살 파내, 3포기씩 합쳐 5cm 간격으로 심는다. 부추모종도 같은 방법으로 심는다.

부추

모내기식으로!
5cm

이른 봄 통통하게 올라오는 봄부추는 인삼, 녹용보다 좋다는 영양덩어리!

오늘 저녁은 부추전? 부추무침?

나를 텃밭의 세계로 인도한 부추, 몇 년째 잎을 부지런히 낸다.

3. 가꾸기

① 잡초에 휩싸이지 않게 풀을 매주고, 뿌리가 드러나지 않게 북주기를 한다.

② 봄가을로 포기 주변을 호미로 긁은 후 웃거름을 충분히 넣고 흙으로 덮는다.

③ 8~9월이면 부추 꽃이 핀다. 씨를 받을 것을 제외하고는 꽃대가 올라오는 대로 따준다.

4. 수확

① 파종 후 9월부터 수확! 한 뼘 정도 자랄 때 수확하며, 첫 수확시 너무 바짝 자르지 말고 땅 위 3~4cm로, 그 후에는 1~1.5cm 이상 남기고 잘라 재생을 돕는다.

② 첫해는 수확이 적으나, 이듬해부터는 많아진다. 봄에는 2~3회, 가을에는 1~2회 정도 수확해야 이듬해 성장에 무리가 없다.

③ 11월부터 잎이 시들며 휴면기에 들어간다. 짚 등으로 덮어준 후 봄이 되면 걷어내고 다시 웃거름을 주며 기른다.

집안 베란다 화분의 부추 수확. 자주 잘라 먹는 만큼 쓰임새가 많다.

필요한 만큼 조금씩 베어 부추무침, 계란말이 등 매일 반찬으로!

5. 포기 나누기

① 부추는 같은 자리에서 3~4년 정도 자라면 포기 수가 늘어나 뿌리가 얽혀 잘 자라지 않는다. 그러면 잎도 얇아지고 맛도 떨어지는데, 이때 모두 파내어 포기를 나눠 다시 심는다.
부추를 흙에서 파낼 때에는 뿌리가 끊어지지 않게 조심하고, 파낸 부추 덩이를 손으로 힘을 주어 세포기씩 나눈다.

얽혀 있는 뿌리를 잘 정리해 세포기씩 나눈다.

② 이렇게 나눈 것을 모종 심을 때와 같이 5cm 간격으로 다시 심는다. 이때 거름도 함께 뿌려준다.
3~4개월이 지나 자리를 잡으면 이전보다 더 두꺼워지고 풍성한 부추 잎을 볼 수 있다.

다시 심기 위해 띄엄띄엄 놓은 부추 포기들.

텃밭의 시작, 부추!

때는 6년전,
이사온 집 옥상에 남겨진 전주인의 스트로폼 화분!

흙?

한달후 봄. 뭐지? 잡초? 잔디?

뽕◇뽕

어머, 부추네!!

아하!

시모

우왕~ 진짜 먹을수 있네!

길러먹는게 이런 것이군!

좋아, 그럼 상추랑 고추도 길러볼까?

그렇게 나를 텃밭으로 인도한 부추, 오랫동안 함께 ~ 고마워!

1. 4월 중순에 사온 부추 모종. 포기를 나란히 벌려 화분에 심는다.

2. 7월 초, 베어 먹을 만큼 키를 키운 부추. 첫해는 잎이 가늘지만 다음 해부터는 좀 더 튼실해진다.

3. 첫 수확은 땅 위 3~4cm, 그 후로는 1~2cm 정도 남기고 자른다.

4. 작은 화분에서 한 줌의 부추 수확!

5. 부추는 성장이 빨라 2주 정도면 또 잘라먹을 만큼의 키가 자란다.

6. 9월 중순, 한 해가 지난 부추는 더러 꽃대를 내기 시작한다. 꽃이 시들면 대파와 비슷한 까만 씨가 맺힌다.

한해 김장을 텃밭에서

배추

우리에게 가장 친숙한 반찬은 배추김치.

텃밭에서도 배추 재배는 빠질 수 없다.

배추는 맛도 고소하고 연해서인지

달려드는 벌레가 무척 많다. 진딧물에 각종 벌레로 인해

초기에는 매일 벌레 관리하는 것이 일이다.

그러다 날이 서늘해지면 벌레는 뜸해지고,

배추는 알아서 속을 채우며 몸을 불린다.

김장을 맞아 한 아름 뽑아 먹을 때면

속 썩인 만큼 겉잎 하나 허투루 버리지 못하고

귀히 여기게 되는 그 마음을 느껴보시길!

배추의 효능

배추는 비타민이 풍부해 면역력을 높여주고
특히 감기 예방에 효과적!

배추 속 비타민C는
열·소금에도 잘 파괴되지
않아!

배추국

배추는 식물성 섬유가 많아
치질, 변비에 좋고
대장암 예방에 도움을 준다.

변비가
모여요?

칼륨, 칼슘, 철분, 카로틴이 많아
성인병 예방 효과에도 탁월!

요
영양 덩어리!

잘 익은 김치에는 유산균 등의
유익한 균이 많이 들어 있어 정장작용이 뛰어나다.

요구르트 보다
유산균이
4배!!

 ## 재배 일정

1월	2월	3월	4월	5월	6월	7월	8월	9월	10월	11월	12월
						씨뿌리기					
							모종심기				
									수확		

4월 파종~ 7월초 수확하는 봄배추 종자도 있다.

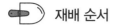 **재배 순서**

1. 밭 만들기

① 물빠짐이 좋은 곳으로, 가능한 한 이전에 배추를 심지 않은 곳으로 선택한다.

② 초기에 잘 자라야 포기가 꽉 차므로 심기 2주 전 밑거름을 충분히 주고 흙과 섞어준다.

③ 50cm 너비의 두둑을 만들어준다.

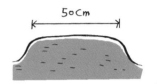

2. 모종 만들기

① 배추는 여러 가지 병해충으로 인해 초반 관리가 어려우므로, 온상에서 모종으로 키워 밭에 심는 게 좋다.

② 직접 밭에 씨를 뿌릴 때는 되도록 늦게 뿌리는 게 병해충 피해를 덜 받을 수 있다.

③ 적은 포기는 8월 말~9월 초중순에 모종 가게에서 배추 모종을 구입하여 심으면 편리하다.

8월 마지막 날 시장에서 사온 배추 모종.

심어놓은 배추 모종. 흐린 날 오후에 심으면 좋다.

3. 모종심기

① 본잎이 5~6매일 때 본밭에 심는다.

② 심을 곳에 구덩이를 파서 물을 흠뻑 준 다음 스며들 때까지 기다린다.

③ 물이 스며든 후, 포기 사이가 35cm가 되도록 심는다.

흙이 부서지지 않게!

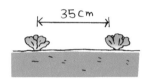

35cm

4. 가꾸기

① 배추가 결구(잎이 여러 겹으로 겹쳐서 둥글게 속이 드는 것)하기 전후로 많은 비료와 수분이 필요하다.

② 특히 결구가 시작될 즈음에는 가장 많은 수분을 필요로 하니 틈나는 대로 충분히 물을 준다.

③ 웃거름으로 5배로 희석한 오줌액비나 퇴비를 2주에 한 번씩 작물 사이사이에 준다.

물 줘!   밥 줘!

배추는 수분이 95%라구!

웃거름

모종을 심은 지 보름 된 배추. 벌레들에게 인기만점!

한 달 된 배추. 날이 서늘해지면서 벌레들도 뜸하다.

① 배추는 특히 벌레가 많이 생긴다. 가장 흔히 보이는 것이 진딧물!

② 진딧물은 잎 뒷면에 붙어 수액을 빨아 먹어 작물을 약하게 만들 뿐 아니라, 어린 잎들을 오그라지게 하는 등의 병을 전파하기도 한다.

③ 9월 하순에 접어들어 날씨가 서늘해지면 급격히 줄어들지만, 그 전에 가능한 한 방제를 하도록 하자.

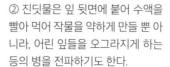

④ 그리고 배추라면 빠질 수 없는 배추 흰나비 애벌레!

⑤ 하루하루 덩치가 커질수록 갉아먹는 식욕도 왕성하다.

⑥ 배설물 자국을 찾으면 금방 발견되니, 바로바로 손으로 잡아준다.

⑦ 배추류 채소에 자주 보이는 좁은가슴잎벌레와 벼룩잎벌레는 잎 표면에 구멍을 내며 갉아먹는다. 그 밖에 달팽이와 섬서구메뚜기, 낮에는 흙 속에 숨어 있다 밤에 활동하는 담배거세미나방 애벌레 등이 있다.

⑧ 벌레 피해를 줄이려면 미리 한랭사같은 방충망을 씌워주거나 친환경 식물해충제 등을 뿌려준다.

⑨ 무엇보다 흙이 걸고 건강할수록 벌레 피해가 덜하다고 하니, 흙 관리가 최우선이다.

6. 배추 묶기

① 예전의 토종배추는 묶어주지 않으면 스스로 속이 차지 않으나, 요즘의 배추는 스스로 결구하는 통배추다.

② 따라서 이제 배추 묶기는 결구를 위해서라기보다 보온이 목적이므로, 늦가을에 윗부분을 묶어준다.

③ 서늘한 기후를 좋아하는 배추는 서리를 맞으면 섬유질이 연해지고 맛이 한결 좋아지므로 서리를 맞은 후 묶어준다.

7. 수확

① 가을배추는 씨뿌린 지 90~100일이면 수확이 가능하다.

② 기온이 영하 3도 이하로 내려가기 전에 뽑는다.

③ 배추를 옆으로 밀어 뽑아낸 다음 뿌리를 칼로 잘라낸다.

11월에 접어든 배추. 안으로 속이 차 들어간다.

배추 묶기. 따뜻한 지역은 굳이 묶지 않아도 된다.

엇갈이 배추도 심자!

봄에는 배추를 기를 수 없나?

기를 수 있지! 그런데 기온이 올라가면 병해충이 심해지거나 꽃대가 일찍 올라와 초보자는 기르기가 어려워. 그래서 봄에는 재배기간이 짧은 엇갈이 배추를 추천!

봄에는 한두 달이면 수확이 가능한 엇갈이 배추를 기르는 게 낫다.

엇갈이 배추는 잎이 성글고 연하며 속이 꽉 차지 않는 반결구형 배추로 약간 어릴 때부터 수확하여 쌈, 나물, 김치 등으로 만들어 먹는다.

1. 엇갈이 배추는 촘촘히 씨를 뿌려 경쟁적으로 자라게 하는 게 좋다. 간격이 넓으면 떡 벌어지고 억세지니 촘촘히 심어 중간중간 솎아 먹는다.

2. 재배 기간이 짧아 밑거름 외에 따로 웃거름을 주지 않아도 된다.

3. 벌레 피해를 막기 위해 배추를 재배했던 곳은 피해서 심는다.

엇갈이 배추 싹.

난 요때 슈운잎 비빔밥이 제일 맛있더라!!

촘촘히 심어 솎아 먹는다.

서로 기대며 자라게 한다.

초봄에는 봄동!

이른 봄, 싱싱한 봄맛을 일찍 느끼게 해주는 봄동!

봄동은 덜 자란 가을배추가 땅에 붙어 겨울을 난 배추를 말한다. 봄동을 기르기 위해선, 9월~10초 월동가능한 봄동씨앗을 뿌려도 되고, 가을배추 중 결구되지 못한 배추를 그대로 두어도 된다. 반면 통이 찬 배추는 겨울 추위에 얼어버린다는 사실을 명심!

1. 4월, 예쁜 하트 무늬의 엇갈이 배추 떡잎.

2. 떡잎 사이에 배춧잎다운 본잎이 난 엇갈이 배추.

3. 5월 초, 잎벌레들로 갉아 먹힌 엇갈이 배추. 기온이 올라 갈수록 피해가 심하다.

4. 9월 중순, 방충망을 씌운 덕에 벌레 피해를 보지 않은 가을배추.

5. 벌레 피해를 줄이기 위해 직접 만든 난황유와 친환경 살 충제 등을 뿌려준다.

6. 11월 초, 점점 안으로 통이 차는 가을배추.

7. 장미꽃잎처럼 예쁘게 여무는 배춧잎.

8. 11월 말, 수확할 때는 옆으로 밀어 밑동을 자른다.

9. 통은 작아도 속이 노랗고 고소한 텃밭 배추!

우 와~
배추 꽃다발!!

11. 겨울을 나고 봄에 꽃을 피우는 제주도 쫑언니의 배추.

10. 서릿발에도 얼어 죽지 않고 겨울을 나는 배춧잎.

배추벌레

배추에 흔한 배추 흰나비 애벌레. 작을 땐 손으로 눌러 죽이지만,

요놈!

제 대로 탱실 탱실~

헉!

투실투실 왠지 귀엽기도 하고.

너무 커서 손으로 죽이긴 그렇고.

하지만, 너무 많이 먹고

발로 밟기도 그렇고

불쌍해 못 죽이겠네, 대신 새 모이가 되어라!

휙!

살생을 남에게 미룰 뿐.

알고 싶지 않지만 알 수밖에 없는

배춧잎에 구멍이 숭숭~

도대체 뭔 벌레야?

잎을 갉아먹는 벼룩잎벌레에 좁은가슴잎벌레,

거세미나방 애벌레에,

섬서구 메뚜기, 달팽이에...

배추 순나방 애벌레

진딧물...

히 익~ 웬수들!!

배추 키우다 보면 제대로 벌레 공부.

밭에서 나는 종합영양제

시금치

겨울이 제철이라 추운 텃밭에 홀로 남아 씩씩하게 자라는
시금치는 그 튼튼한 기운을 고스란히 우리에게 준다.
영양소가 하도 많아 일일이 꼽기도 힘들 정도니,
가히 약초라 불러도 될 정도! 이렇게 우리에게 유익한
건강채소 시금치를 기르는 것은 텃밭의 필수가 아닐까.

시금치의 효능

시금치는 단백질, 필수아미노산, 철분, 칼슘, 비타민 등의 영양소를 두루 갖춘 종합영양제!

성장기 어린이 에겐 필수!

시금치에는 동맥경화와 심장질환을 예방해주고, 불면증과 불안 증세를 해소시켜주는 엽산이 가득!

엽산

시금치는 눈 점막을 건강하게 해주는 데 효과가 있어 시력이 떨어졌을 때나 노안, 녹내장과 같은 눈병에 좋다.

시금치에는 뇌의 노화현상을 막는 항산화물질이 있어 기억력을 향상시켜주고 치매를 예방해준다.

시금치는 나이를 거꾸로 먹게 해!

 ## 재배 일정

1월	2월	3월	4월	5월	6월	7월	8월	9월	10월	11월	12월

씨뿌리기

수확

 재배 순서

시금치 종류

시금치의 종류는 크게 재래종과 수입개량종으로 나뉜다. 맛은 재래종이 월등하나, 재배 기간이 40일인 개량종에 비해 재래종은 90일로 훨씬 길다. 근래에는 둘을 교잡한 품종도 많이 나와있다.

1. 밭 만들기

① 시금치는 산성땅에 심으면 발아율이 떨어지거나 자라는 도중 잎이 누렇게 변하며 말라죽을 수 있다.

② 보통 흙이라면 석회를 넣어 산성땅을 약산성으로 중화시킨다. 석회는 퇴비 넣기 2주 전넣는다.

③ 씨뿌리기 2주 전에 퇴비를 넣어 섞은 후, 폭 1m의 얕은 높이의 두둑을 만든다.

조개껍데기와 숯가루를 넣어 만든 흙에서 시금치 싹이 나고 있다.

불리기 위해 담가놓은 시금치 씨.

115

2. 씨뿌리기

① 시금치는 계절별 재배와 이용 용도에 따라 다양한 품종이 있다. 여건에 맞춰 선택하여 구입한다.

② 시금치는 씨껍질이 두꺼우므로 24시간 동안 물에 불렸다가 그늘에서 잠시 말린 후 뿌린다.

③ 20~30cm 포기 간격으로 줄뿌림을 하거나 흩어뿌린 후 흙을 덮고 물을 뿌린다.

3. 가꾸기

① 싹이 트고 본잎이 난 후 2~3회 솎아준다. 이때 잎들이 땅에 닿지 않고 서로 기댈 정도로 촘촘히 솎아야 발육에 좋다.

② 1주일에 한 번 정도 땅속 깊이 스며들 정도로 물을 충분히 준다.

③ 겨울을 날 경우 짚이나 비닐을 덮어 보온을 유지해준다. 3월 초가 되면 포기 사이로 웃거름을 넣어준다.

살랑살랑 춤을 추는 길쭉한 시금치 떡잎.

떡잎 사이 시금치 본잎이 나왔다.

4. 봄 재배 수확

① 더위에 약한 시금치는 25도 고온이 되면 발아율이 떨어지니 너무 늦게 뿌리지 않는다.

② 기온이 올라가고 해의 길이가 길어지면, 다 자라기 전에 꽃대를 내고 성장을 멈춘다.

③ 봄 재배시에는 씨뿌린 후 25일에서 40일 사이에 수확한다.

5. 가을 재배 수확

① 추위를 잘 견디는 시금치는 가을 저온에서 더 잘 자란다.

② 겨울 시금치는 여름 시금치보다 맛이 더 좋을 뿐 아니라 비타민C도 3배나 많다.

③ 가을 재배시엔 파종 후 50~90일 사이에 수확한다. 겨우내 두었다 다음 해 봄에 수확할 수도 있다.

추위로 더 달고 부드러운 겨울 시금치 잎.

늦봄에 뿌린 시금치가 초여름 더위에 꽃대를 냈다.

1. 9월 중순, 길쭉한 시금치 떡잎 사이로 본잎이 동글동글하게 나왔다.

2. 10월 중순, 줄지어 자라는 시금치. 약간 촘촘하게 가꾸어야 잘 자란다.

3. 12월 초, 겨울시금치 수확. 짧고 도톰하니 더 맛있다.

4. 4월 초 파종, 5월 중순에 수확한 봄시금치. 키가 크고 잎이 동글동글하다.

5. 그때그때 뽑아 해 먹는 시금치나물 한 접시!

118

아욱

'통통하게 살찐 아욱은 며느리도 모르게 먹는다'란 말이
있을 정도로 아욱은 맛이 좋고 영양가가 높기로 유명하다.
특히 텃밭에서 직접 기른 아욱은 손바닥보다 잎이 크게
자라도 무척 보드랍고 연해 줄기 정리가 필요 없을 정도다.

아욱의 효능

아욱은 성질이 찬 채소로 평소 열이 많아 땀을 많이 흘리거나 갈증을 자주 느끼는 사람에게 좋다.

여름 더위 끝!!

아욱국

또한 단백질, 칼슘이 시금치보다 2배나 많아 성장기 어린이에게 좋은 알칼리성 채소!

맛도 달아!

아욱은 산모의 젖 분비를 촉진시켜 산후 모유수유에도 도움을 준다.

〈엄마 식단〉

아침	저녁
아욱죽	아욱국

아욱은 부드러운 섬유질을 풍부히 갖고 있어 소화가 잘 되고 특히 변비로 고생하는 사람에게 좋다.

소변도 잘 나오게 해!

 ## 재배 일정

1월	2월	3월	4월	5월	6월	7월	8월	9월	10월	11월	12월

씨뿌리기

수확

1. 밭 만들기

① 물빠짐이 좋고 과습하지 않은 비옥한 곳으로 고른다.

② 척박하고 건조한 땅은 꽃대가 빨리 나오고 잎이 작아지니 피한다.

③ 씨뿌리기 2주 전 밑거름을 충분히 넣고 일군 후, 폭 1m의 두둑을 짓는다.

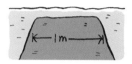

2. 씨뿌리기

① 기온이 15도로 올라가면 언제든 씨뿌리기가 가능하다. 단, 여름 고온에는 발아가 잘 안 되니 피한다.

② 포기 간격 20cm로 줄뿌림을 하거나 흩어뿌린다. 아욱은 발아율이 높지 않으므로 약간 촘촘하게 씨를 뿌린다.

③ 씨뿌린 후 흙을 2~3㎜로 얇게 덮고 물을 조심스럽게 뿌려준다.

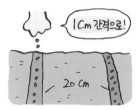

겨울을 난 아욱의 씨는 '동규자'라 부르며 약으로 쓰인다.

하트모양의 떡잎사이로 동그린 본잎이 나온 아욱.

3. 가꾸기

① 최종 간격 15~20cm 정도가 될 때까지 2~3회 솎아주어 포기 사이를 넓힌다.

② 자라는 초기에 잡초에 치이지 않도록 풀을 매주고, 한 달에 한 번 정도 오줌액비 등의 웃거름을 주면 좋다.

③ 건조하면 뿌리가 얕게 내려 잘 자라지 못하니 틈틈이 물을 주어 습기가 유지되게 한다.

4. 수확

① 파종 후 30일 이후 키가 20cm 정도 되었을 때부터 수확이 가능하다. 커진 잎을 따거나 어린 줄기를 꺾어 수확한다.

② 윗부분의 연한 줄기를 잘라 수확하면 아래 곁가지에서 다시 아욱잎이 연하게 올라온다.

③ 수확이 늦어지면 줄기가 단단해지므로, 조금 어린 듯할 때 바로바로 수확한다.

부지런히 솎아야 제대로 된 덩치로 키울 수 있다.

손바닥보다 더 크게 자란 잎이지만 아주 연하다.

가을엔 아욱국을 끓여보자!

옛말에 혹 남이 달라고 할까 봐 사립문을 걸어두고 먹는다는 말이 있을 정도로 맛있다는 아욱국! 예전엔 집집마다 키워서 먹었다고 하는데, 부드러운 아욱이 소화가 잘 되어 쌀쌀해진 가을날 아욱된장국이 아주 별미였나 보다. 아욱국은 속을 편하게 해 줄 뿐 아니라, 몸을 보해 시골에선 옛날에 미역 대신 아욱을 먹었다고 한다. 찬 날씨에 뜨끈한 국물이 생각날 때, 직접 키워 더욱 연한 아욱을 아낌없이 넣고 담백하고 구수한 아욱국을 끓여보자.

1. 따온 아욱의 겉껍질을 벗겨내 질기지 않게 해준다. 이리저리 줄기를 꺾어가며 섬유질의 겉껍질을 잡고 떼어낸다.

2. 물에 약간 적신 후 굵은 소금을 넣고, 세게 짓이기듯 바락바락 주무르면 쓴맛과 풀내를 내는 녹색 풀물이 나온다. 어느 정도 풀물이 나오고 숨이 죽었으면 물에 두어 번 헹군다.

3. 멸치육수에 된장을 체에 받쳐 풀고 끓인다. 끓어오르면 물기를 꼭 짠 아욱을 넣고 계속 끓인다. 중간에 건새우, 바지락 등을 넣으면 맛이 더욱 살아난다.

4. 어느 정도 흐물흐물 끓었을 때, 파와 마늘을 넣고 살짝 끓인 후 불을 끈다. 보드라운 아욱국 완성!

1. 9월 초, 씨를 뿌리고 10일 후의 아욱, 솎아내기를 시작
한다.

2. 9월 중순, 계속 솎아주어 자랄 자리를 넓혀준다.

3. 10월 초, 화분이 안 보일 정도로 자란 아욱. 수확시작!

보드랍고 연한
새잎이 쑥쑥!

4. 윗대를 따면 그 아래 곁가지에서 연한 새잎이 다시 크게 자란다.

5. 큰 잎을 따서 아욱국으로! 2주 정도면 다시 수확이 가능
하다.

아버지의 국

옥상 텃밭의 아욱

3장

기르는 재미 쏠쏠
먹는 재미 쏠쏠 열매채소

너무 예뻐 먹기 아까운

방울토마토

방울토마토는 가꾸면서 잔손이 많이 가지만,
예쁘고 맛난 열매를 바로바로 따먹을 수 있어 재미나다.
한여름 햇빛을 받고 빨갛게 익어가는 모습은 보기에
너무 예뻐 따먹는 걸 미룰 정도니 기르며 보는 재미가
꽤 크다. 잘만 기르면 한 포기당 100개 내외의
방울토마토가 영그니, 여름부터 초가을까지
입과 눈이 즐거운 호사를 내내 누려보자.

방울토마토의 효능

'토마토가 빨갛게 익을수록 의사 얼굴은 파래진다'는 서양 속담이 있을 정도로 토마토는 영양만점 채소!

난 뭘 먹고 살라고!!

토마토에 들어있는 칼륨은 체내의 염분을 몸 밖으로 내보내주어 각종 성인병 예방에 효과적!

소변으로 염분 배출!

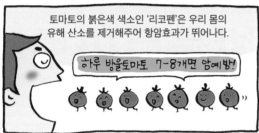

토마토의 붉은색 색소인 '리코펜'은 우리 몸의 유해 산소를 제거해주어 항암효과가 뛰어나다.

하루 방울토마토 7-8개면 암예방!

토마토는 위 점막을 보호하여 위장을 튼튼하게 하며, 단백질과 지방의 분해를 돕는 데 일조!

 ## 재배 일정

1월	2월	3월	4월	5월	6월	7월	8월	9월	10월	11월	12월
			모종심기								
				수확							

 재배 순서

1. 밭 만들기

① 토마토는 최대한 해를 많이 받아야 잘 자라므로 해가 잘 드는 곳에 심는다.

② 화분에 심을 경우 가능한 넉넉한 깊이의 큰 화분에 심어야 뿌리를 깊이 뻗을 수 있어 제대로 된 수확을 할 수 있다.

③ 모종심기 2주 전에 밑거름을 넉넉히 넣고 흙과 같이 섞어준다.

30cm 이상

완숙 퇴비

2. 모종심기

① 키가 작고 줄기가 굵으며, 꽃이 1~2개 피어있는 튼튼한 모종으로 구입한다.

② 흙이 부서지지 않게 모종포트에서 조심히 빼내 30~40cm 간격으로 심고 물을 준다.

③ 토마토는 스스로 곧게 설 수 없어 지주를 대주어야 한다. 뿌리가 상하지 않을 거리에서 지주를 튼튼히 세우고 8자 모양으로 여유 있게 끈으로 묶어준다.

여러개의 꽃봉오리
짙은 초록 잎
쌍떡잎이 달려있다

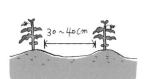
30~40cm

시장에서 산 왕토마토 모종 하나와 방울토마토 모종 여섯 개.

묶을때는 넉넉하게 8 자로!
바짝 묶으면 나중에 굵어진 줄기를 조일 수 있다.

키가 크는 걸 봐가면서 위로 4~5군데 더 묶어준다.

3. 곁순 따기

① 자라는 내내 줄기 겨드랑이에서 나는 토마토 곁순.

② 곁순을 그냥 두면 원래의 토마토 가지가 하나 더 생기듯이 왕성하게 자라는데, 그냥 두면 곁순이 자라며 영양이 분산되어 전체적으로 열매가 적게 달리고 잎만 무성해진다.

③ 곧은 원가지 하나만 키우고, 겨드랑이에서 나는 곁순은 작을 때 모두 딴다.

⑤ 미처 따지 못해 크게 자란 곁순을 따 땅에 비스듬히 꽂아두고 물을 주면 뿌리가 자란다.

⑥ 자리가 넓고 넉넉하다면 원가지와 곁가지, 2개의 가지로 키울 수 있다.

134

① 첫 열매가 여물기 시작할 즈음 옷거름을 준다. 거름기가 많을 경우 잎만 무성해지니 봐가며 한 달에 한 번씩 준다.

② 열매는 보통 5~7단까지 키우고, 키로 영양이 분산되지 않도록 순지르기를 한다. 이때의 순지르기는 키를 제한하여 기르는 것으로 맨 위 꼭대기 꽃 위로 2~3개의 잎을 남기고 중심 줄기를 잘라준다.

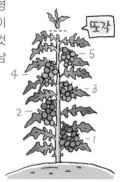

① 한 화방에 많은 꽃송이가 피므로, 맨 끝 작은 꽃을 따주어 10~20개 내외로 열매솎기를 한다.

② 수확기에는 혼잡하게 겹쳐진 아랫잎과 시든 잎을 잘라내 통풍이 잘 되고 햇빛이 열매에 잘 비치게 한다.

③ 꽃이 피고 45일 정도 지나면 수확할 수 있다. 익은 것은 바로 수확해 양분이 위로 가게 한다.

꽃들을 모두 다 기르면 열매도 작고 맛도 떨어진다.

햇빛을 많이 받을수록 붉은색이 선명해진다.

135

토마토는 햇빛을 좋아해!

토마토의 원산지는 뜨거운 햇빛이 내리쬐는 고랭지의 남미 안데스 고원.

따라서 토마토는 해가 강하고 낮밤으로 기온차가 클수록 붉은색이 선명해지고 맛이 든다. 토마토의 빨간 색을 만드는 색소인 리코펜은 강력한 항산화제로 우리 몸에 매우 좋다. 이 리코펜은 각종 암을 예방해 주고 면역력을 높여주며, 간 해독작용 및 몸속의 혈관을 깨끗이 해주는 작용을 한다.

특히 방울토마토에는 이 좋은 성분이 일반 토마토보다 더 많이 들어 있다고 한다.

빨갛게 익은 것일수록 리코펜이 저 많이 함유되어 건강에 좋다. 따라서 토마토는 꼭 햇빛을 내내 받을 수 있는 곳에 자리를 만들어 기르도록 하자!

햇빛을 받고 나날이 빨갛게 익어가는 방울토마토.

토마토+설탕=X

토마토에 단맛을 더하기 위해 설탕을 뿌려 먹는 사람들이 많다. 그러나 설탕이 토마토의 비타민을 손실시키는 작용을 해 함께 먹으면 좋지 않다. 그 대신 소금 을 살짝 뿌려 먹으면 소금의 나트륨과 토마토의 칼륨 성분이 합쳐져 단맛을 내고 체내 흡수율도 높아진다.

토마토는 같은 자리를 싫어해!

토마토는 같은 곳에 해마다 같은 작물을 재배하는 '이어짓기'와 상극!

지난해 심은 자리에 토마토를 또 심는다면 반쯤 자라 주렁주렁 열매를 매단 채 시들어 죽는 포기를 보게 될 수도 있다. 그렇게 병들어 시든 포기는 다른 포기에 병이 옮기 전에 바로 뽑아서 멀리 묻거나 태워야한다. 흙 속 세균에 의해 작물이 말라죽게 되는 이러한 '풋마름병' 증세는 토마토 외에 가지과 작물인 고추, 가지, 감자에서도 많이 발생하므로 이들 작물들은 특히 이어짓기를 피해야 한다. 관리가 잘 되어 흙이 매우 걸고 건강한 상태라면 괜찮지만, 보통의 경우에는 지난해 심은 자리에서 멀찌감치 떨어진 곳에 심도록 유의하자.

주렁주렁 열리던 방울토마토. 1년 후 같은 자리에 또 심으니 잘 자라다 시들어 죽었다.

방울토마토가 갈라졌어요!

토마토의 원산지인 안데스 고원은 좀처럼 비가 오지 않는 건조한 지역이다. 자라온 환경이 그러하니 토마토는 물기가 많은 것을 싫어한다. 가물다가 물을 많이 주거나 비가 오게 되면 과도한 수분으로 열매 껍질이 터져버리고 맛도 싱거워진다. 따라서 장마철이나 큰 비가 올 때는 미리미리 열매를 수확하고, 평소 물 주기도 겉흙이 바짝 마를 때까지 기다렸다가 준다.

여러 가지 토마토를 길러보자!

페루가 원산지인 토마토는 16세기 처음 유럽으로 수입되었으나, 독성식물로 여겨 관상용으로 길렀다. 그러다 18세기부터 점점 식품으로 널리 보급되어 지금은 재배품종만 약 600종으로 크기, 색, 형태, 맛이 매우 다양해졌다. 우리나라도 점점 다양한 품종의 토마토를 재배, 판매하고 있는데 그중 인기있는 품종은 봄이면 모종으로 판매하고 있으니 직접 골라 길러보는 즐거움을 누려보자.

왕토마토 일반적인 토마토로 방울토마토에 비해 모종도, 꽃도 처음부터 크다. 방울토마토와 달리 기를 때 한 단에 4~5개 열매로 제한해 기르고 5단 정도에서 순지르기를 해야 제대로 크게 자란다. 꼭지 주변이 푸른 상태에서 딴 것은 찰토마토, 완전히 전체가 빨갛게 되었을 때 딴 것은 완숙토마토라고 부른다.

대추토마토 대추처럼 타원형으로 기름하게 자라는데 방울토마토보다 모종 값이 더 비싸다. 방울토마토와 기르는 방법은 같은데 식감이 더 좋고 단맛도 강하다. 빨강, 주황, 노랑, 초록, 흑색으로 색도 다양하며 색에 따라 미묘하게 맛도 다르다. 색깔별로 하나씩만 길러도 텃밭에 색색의 보석을 달아놓은 듯 화사해진다.

대저토마토 짭짤이토마토라 하여, 토양에 바닷물이 유입되는 부산 대저동에서 자라 이름이 붙여졌다. 짭짤이토마토는 짜고, 달고, 신맛을 풍성하게 가지고 있고 단단한 과육으로 씹는 맛이 좋다. 크기는 일반 토마토보다 작고 방울토마토보다 크다. 초록색과 빨간색을 같이 띄고 있을 때 수확해야 제일 맛있다.

흑토마토 검붉은 색의 토마토로 크기는 대저토마토와 비슷하다. 갈라파고스제도에서 자생하는 검은색 토마토를 영국에서 품종 개발한 것으로 '쿠마토'라는 상품명으로 판매된다. 단단하고 아삭아삭하며 맛도 달고 풍부하다. 흑토마토는 항산화 물질이 2배나 더 많다고 한다.

조롱박모양으로 열리는 조롱방울토마토!

어느 해인가 구입해 가까운 베란다창가에 조롱방울토마토 화분을 두고 아침저녁으로 앙증맞게 자라는 모습을 내내 바라보곤 했다. 키가 작게 자라 화분관상용으로 알맞다.

1. 5월 초, 확실히 방울토마토보다 큰 왕찰토마토의 노란 꽃. 꽃이 지면 씨방이 자라 토마토가 된다.

2. 5월 말, 고깔모자를 쓴 듯한 어린 방울토마토가 아랫 단부터 여물기 시작한다.

3. 끊임없이 나고 자라는 곁순들 양분의 분산을 막기 위해 자주 들여다보며 일찌감치 제거해야 한다.

5. 쓰러지지 않게 지주대를 튼튼히 대주고 줄을 매주어야 하는데, 점점 열매가 크고 많아지면 지지대를 더 세운다.

4. 크게 자란 곁순을 흙에 꽂아 뿌리를 내리게 하면 토마토 한 포기 획득!

6. 보통 눈높이 정도까지 자라면, 곡대기 꽃 위의 잎 2장 정도를 남기고 순을 질러 더 키를 키우지 않는다.

8. 7월 초의 분양 텃밭에서의 방울토마토, 노지재배는 화분 재배에 비할 수 없을 정도로 왕성하게 자란다.

7. 6월 말, 장맛비 속의 방울토마토. 많은 수분에 터지거나 맛이 떨어지기 전에 어느 정도 익은 것은 딴다.

9. 한여름, 새빨갛게 익은 방울토마토. 해가 강할수록 붉은색이 선명해진다.

10. 방울토마토를 직접 기르면 파는 것과 꼭지부터가 다르다는 걸 알 수 있다.

한여름 더위를 씻어주는

오이

오이는 자라기도 빨리 자라고 마디마다

열매가 열려 거두기도 바쁘다.

주렁주렁 많이 열린 만큼 여름철 여러 가지 쓰임으로

더위를 씻어주니, 아무리 기르기 까다로워

손이 많이 간다 해도 여름 텃밭채소로

꼭 길러야 할 작물이 바로 오이다.

오이의 효능

오이는 90퍼센트 이상이 수분이고 체내 염분을 배출시켜주는 칼륨 함량이 높아, 몸속 노폐물을 내보내주는 효과가 크다.

부종
신장병
고혈압

성질이 찬 오이는 열을 식혀주는 효과가 있어 화상, 땀띠, 일사병, 여드름 등에 갈아서 마시거나 붙이면 좋다.

자외선 화상에도 오이 맛사지!

오이는 비타민C 함량이 높아 알코올을 쉽게 분해하고 빨리 배출시켜 숙취해소에 도움을 준다.

숙취엔 오이즙!

오이는 엽록소와 비타민C가 풍부해 피부를 윤기나게 해주고 미백, 보습, 노화방지 효과가 탁월하다.

내 화장품은 오이!

재배 일정

1월	2월	3월	4월	5월	6월	7월	8월	9월	10월	11월	12월
			모종심기								
					수확						

1. 밭 만들기

① 해가 잘 들고 통풍이 좋으며 물빠짐 좋은 기름진 곳을 택한다.

② 모종심기 2주 전 밑거름과 숯 가루나 재를 넣고 흙을 일궈준다.

③ 2줄로 심을 경우 너비 120cm 의 두둑을 쌓는다.

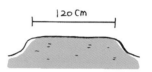

2. 모종심기

① 5월 초 모종을 구입하여 심는다. 오이 품종으로는 크게 연둣빛의 다다기 오이와 초록색의 취청 오이가 있으니 취향대로 골라 심는다.

② 40cm 간격으로 모종을 심는다. 깊이 심으면 병이 생길 수 있으므로 모종 흙이 보일 정도로 심는다.

③ 오이는 덩굴손이 나와 감고 올라가는 덩굴식물로, 지주를 세워 유인해주어야 서로 엉키지 않고 통풍이 잘 된다.

자리 잡은 오이 모종. 4인 가족 기준 3~4포기면 충분!

지주를 타고 올라가도록 중간중간 묶어준다.

3. 가꾸기

① 처음 6~7마디까지는 곁가지와 꽃을 모두 제거해 열매보다 성장에 힘쓴다.

② 6~7마디 위부터 열매를 키운다. 원줄기인 어미덩굴과 겨드랑이에서 나오는 아들덩굴을 기르는데, 아들덩굴은 2~3마디만 남기고 순을 지른다.

③ 오이는 생육도 빠를 뿐 아니라, 거름기가 떨어지면 쉽게 노화하므로 20~25일 간격으로 꾸준히 웃거름을 준다.

4. 수확

① 암꽃이 핀 후 10일경이면 수확할 수 있다. 낮에는 수분이 빠져 쉽게 시들 수 있으므로 오전 중 수확한다.

20~25cm

② 열매 하나를 수확할 때마다 오래된 아랫잎 1~2개를 따주어 공기와 햇빛이 잘 들게 한다.

③ 오이꽃이 필 때 저온이거나 고온, 또는 가뭄이 들면 쓴맛이 심할 수 있다. 오이의 쓴맛은 물에 잘 녹는 성질이 있어 꼭지 부분을 물에 담가두면 없어진다.

오이 쓴 맛엔 항암 성분이 있대!

곁순

암꽃

6~7마디까지 겨드랑이곁순과 어린 꽃들을 따준다.

화분재배일 경우 깊이 있는 화분에 심고, 웃거름을 자주 주어야 한다.

148

텃밭의 불청객, 진딧물!

오이, 고추, 배추 등 많은 텃밭 작물에 나타나는 진딧물!

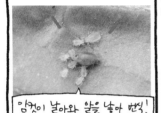

암컷이 날아와 알을 낳아 번식!

진딧물은 주로 잎 뒷면과 새로 난 연약한 잎에서 수액을 빨아 먹어 잎이 오그라지게 만들거나, 정상적인 성장을 못하게 한다

그을음병! 잎오갈병! 모자이크병!

진딧물은 1마리가 1개월에 1만 마리로 불어날 정도로 증식속도가 엄청나고, 종류 또한 300종류가 넘는다.

어머! 한 달 새에 내 아들의 아들의 아들의 아들의 아들의…아들이 생겼네! 바글 바글

진딧물이 있는 곳에는 거의 개미가 꼬이는데, 이는 개미가 진딧물의 단 분비물을 받아먹고 진딧물을 보호, 사육하기 때문이다.

우글 우글

그렇다면 대표적인 진딧물의 천적은?! 바로 나, 칠성 무당벌레!

두!

무당벌레는 하루에 100마리 이상의 진딧물을 먹어주는 텃밭의 고마운 익충!

일부러 키워 풀어놓기도 해! 잘 먹겠습니다~ 꺄

진딧물은 집에서 손쉽게 친환경적으로 퇴치약을 만들어 물리칠 수 있는데, 대표적으로 물엿과 물을 섞어 만든 물엿 희석액이 효과적!

꾸덕꾸덕 함이 느껴질 농도!

물엿+물

요구르트, 우유 원액을 뿌려도 퇴치할 수 있으며, 가능한 진딧물 발생 초기에 뿌려준다.

끈적끈적, 옴짝달싹 못하고, 숨구멍 막혀 나 죽네~!

마르면 굳게끔 한낮에 뿌려주고, 저녁 즈음에 스프레이로 물을 뿌려가며 끈끈함을 닦아준다.

칙! 칙!

아래
6~7마디
까지
곁순·꽃
제거!

1. 6월 초, 아래 6~7마디까지 꽃과 곁순을 제거하고 그 위 열리는 오이를 기른다.

2. 가시 달린 오이 모양의 씨방을 갖고 있는 암꽃.

4. 제때 수확하면 단단하고 씨앗 부분이 작다.

다닥다닥 많이 나서
"다다기 오이"

3. 6월 중순, 암꽃이 피고 10일 후면 수확. 농가에서는 열매에 양분을 집중하기 위해 수꽃과 덩굴손을 제거한다고.

5. 7월 말, 수확 시기를 놓치면 노각으로 만들어 여름 별미 반찬인 노각무침을 한다.

찌개에 넣고 전도 부치고

애호박

보통 호박이 크고 노랗게 익기 전의 파란 어린 호박을
애호박이라 하는데, 수요가 많아지면서 애호박만
수확할 수 있는 전용 품종이 나왔다.
시중에서는 마디마디 많이 열린다 하여 '마디호박'
또는 '풋호박'이란 이름으로 모종을 내놓고 있다.
애호박은 덩굴이 짧아 면적을 덜 차지하고
매일 반찬으로 거둘 수 있어 좋다.

애호박의 효능

애호박은 소화가 잘 되고 위를 보호하는 기능이 있어 소화 기능이 약한 사람에게 좋다.

위궤양엔 애호박!

애호박은 비타민A가 풍부해 망막기능을 강화시켜 시력에 좋고, 피부저항력을 높여줘 탈모, 아토피 등에 좋다.

눈 반짝! 피부 반짝!

애호박씨에 들어 있는 레시틴 성분은 두뇌활동을 활발하게 해주며 치매 예방에도 좋다.

치매는 가라!

성질이 따뜻하고 비타민C가 풍부한 애호박은 몸이 찬 사람에게 좋으며 감기예방에도 탁월하다.

애호박으로 따뜻하게!

재배 일정

1월	2월	3월	4월	5월	6월	7월	8월	9월	10월	11월	12월
			모종심기								
				수확							

1. 밭 만들기

① 햇빛을 잘 받고 배수가 좋은 곳을 고른다. 맷돌호박은 덩굴이 다른 작물에까지 뻗을 수 있으므로 밭 경계면이나 언덕 가장자리에 심는다.

② 모종심기 2주 전 밑거름을 충분히 넣고 흙을 일구어준다.

③ 2줄로 심을 경우 130~150㎝ 너비의 두둑을 쌓는다.

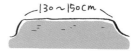

2. 모종심기

① 5월 초 애호박 모종을 구입한다. 맷돌호박을 구입해 어릴 때 풋호박으로 따먹을 수도 있다. 줄기가 곧고 병충해 피해가 없는 것으로 고른다.

② 포기 간격이 50cm가 되게 구덩이를 파고 물을 부어 스며들 때까지 기다렸다 심는다. 심을 때는 지면보다 약간 높거나 같게 한다.

③ 애호박은 덩굴식물로 그냥 두면 땅을 기면서 자란다. 따라서 덩굴을 정리하여 위로 유인해줄 지주를 세워준다.

금세 자리를 잡고 잎을 키우는 애호박 모종.

끈으로 묶어주며 위로 유인을 하고, 덩굴손은 제거한다.

155

3. 줄기 정리

애호박은 줄기를 정리하며 키운다. 줄기를 정리하는 데는 3가지 방법이 있다.

① 원줄기인 어미덩굴을 키우고 곁가지는 제거한다.

② 원줄기인 어미덩굴과 어미덩굴의 3~5번째 마디에서 나오는 곁가지인 아들덩굴 1~2개를 기른다.

③ 어미덩굴 5~8마디에서 순을 지르고, 그 아래 아들덩굴 2~3개를 기른다.

4. 가꾸기

① 성장을 위해 처음 피어난 열매 달린 암꽃을 따주고, 이후부터 열매를 키운다.

② 노지에서는 벌이 꽃가루를 옮겨주어 수정이 되는데, 그게 여의치 않으면 수꽃의 수술을 따 암꽃의 암술머리에 묻혀준다. 인공수정은 오전 9시 전까지 해야 하며 늦으면 수정 능력이 떨어진다.

③ 열매를 맺으면서부터 거름기가 떨어지지 않게 웃거름을 2~3회 넣어준다. 처음에는 포기에서 30cm가량 떨어진 곳에 주는데 점차 뿌리가 넓게 퍼지므로 그 다음 회에는 포기에서 더 멀리 준다.

아침이면 활짝 피어나는 암꽃. 수정이 안 되면 어릴 때 씨방 열매가 떨어진다.

농가에서는 포기당 15~30개의 애호박을 수확한다고.

① 암꽃이 핀 지 7~10일 후면 수확할 수 있다.

② 수확이 늦어지면 땅에 떨어지거나 누렇게 떠서 맛이 떨어지니 꼭 제때 수확한다.

③ 수확이 많을 때는 호박고지로 만들어 두고두고 먹는다. 호박고지는 얇게 썰어 햇빛에 말려서 서늘하며 통풍이 잘 되는 곳에 보관한다.

애호박, 오이 잎에 잘 생기는 흰가루병, 노균병!

흰가루병은 식물의 잎 ,줄기에 흰가루가 점점 생기다가 점점 전체가 흰가루로 덮히는 곰팡이병이다. 노균병도 곰팡이병으로 잎에 엷은 노란색 또는 갈색의 반점이 생기다가 잎을 누렇게 말라죽게 한다. 흰가루병과 노균병은 밤낮의 온도차가 심하거나 통풍이 잘 되지 않는 등 여러 요인으로 발생한다. 포자가 날려 쉽게 전염되므로 병든 잎은 제거하여 멀리 버려야 한다. 발생 초기에는 난황유를 뿌려 치료, 예방할 수 있다.

오이잎을 덮친 흰가루병, 노균병

흰가루병과 노균병엔 효과 좋은 '난황유' 만들기
난황유는 '달걀노른자(1개)+식용유(100mL)'를 믹서기로 섞은 후 물 20L를 타서 만든다. 몇 그루 기르지 않는 경우엔 간편하게 '마요네즈+물'로 만들 수 있는데, 분무기에 마요네즈 반스푼과 물을 가득 채워 세게 흔들어 섞어준 후 잎 앞 뒷면, 줄기에 골고루 뿌려주면 된다. (상할 수 있으니 꼭 냉장고에 넣어 보관)

1. 5월, 원가지인 어미 덩굴과 곁가지인 아들 덩굴 하나 이렇게 2줄기로 기른다.

3. 첫 암꽃 열매는 아까워도 따준다.

4. 7월의 단호박, 개화 후 40일 정도 지나야 수확할 수 있다.

2. 6월, 부지런히 피는 애호박 암꽃. 수정이 되어야 아래 씨방이 제대로 커져 애호박이 된다.

5. 화분재배 시에는 깊이있는 화분에, 거름기가 떨어지지 않도록 웃거름을 부지런히 넣어주어야 한다.

가지

늦봄에 가지를 심으면 서리가 내리기 전까지
부지런히 열리는 가지를 수확할 수 있다.
토마토와 같이 해를 많이 받게 하면
가지의 색이 더 짙어진다.
몸에 좋은 색깔 채소로 다이어트에도 좋은 가지!
진한 자주빛 싱싱한 가지로 우리집 건강 밥상을 장식하자!

가지의 효능

가지의 보라색인 안토시아닌 색소는 항암, 항산화 작용을 하며, 각종 성인병 예방에도 효능이 있다.

각종 암 심장질환 동맥경화 고혈압

가지는 찬 성질을 가지고 있어 열이 많은 사람에게 좋으며 각종 염증을 완화시켜 통증을 멎게 해준다.

치통 편도선염 맹장염

가지는 기름을 쉽게 흡수하는 스폰지 같은 조직을 갖고 있어, 식물성 기름과 함께 조리하면 리놀렌산과 비타민E의 흡수를 높일 수 있다.

가지볶음으로 1석 2조!!

가지 꼭지는 말려서 끓여 마시거나 가루 내어 약으로 쓸 수 있다.

• 치통 · 잇몸질환 · 산후통증
• 사마귀 · 기미 · 피부습진

 ## 재배 일정

1월	2월	3월	4월	5월	6월	7월	8월	9월	10월	11월	12월
			모종심기								
					수확						

162

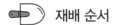 재배 순서

1. 밭 만들기

① 인도가 원산지인 가지는 더위에 강하며, 습기 있는 땅에서 잘 자란다. 햇빛을 잘 받고 통풍이 잘 되는 곳으로 택한다.

② 모종심기 2주 전 밑거름을 넣고 밭을 일궈준다. 가지는 포기가 크고 뿌리를 깊이 뻗으므로 깊이 갈아준다.

③ 가지는 성인 가슴 높이 정도로 덩치가 자라므로 한 줄로 키울 시 50 ~60㎝ 정도로 폭을 넓찍하게 만들어 두둑을 쌓는다.

2. 모종심기

① 가지는 22~30도의 온도에서 잘 자라는 고온성 작물이다. 너무 이르게 심으면 성장을 안 하므로 날씨가 따뜻해지면 심는다.

② 서로 잎이 겹치지 않고 햇빛을 잘 받을 수 있도록 포기 간격을 50㎝ 이상 넓찍이 정한다. 모종 심을 곳에 작은 구덩이를 파고 물을 부어 스며들 때까지 기다린다.

③ 모종의 흙이 떨어지지 않게 조심스럽게 빼낸다. 모종의 흙이 약간 보일 정도로 심고 물을 충분히 준다.

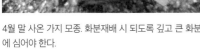

4월 말 사온 가지 모종. 화분재배 시 되도록 깊고 큰 화분에 심어야 한다.

가지 꽃. 꽃이 피고 20일 정도면 가지 열매를 딸 수 있다.

3. 가꾸기

① 비바람과 열매 무게로 인해 처지거나 쓰러지지 않도록 뿌리가 상하지 않을 만한 지점에 지주대를 세워주고 넉넉히 묶어준다.

② 1주일에 한 번씩 깊이 스며들 정도로 물을 준다. 습기 유지를 위해 짚 등을 깔아주면 좋다.

③ 모종 심고 2개월 정도 지난 후부터 한 달에 한 번 정도 웃거름을 주면 좋다.

4. 가지 정리

① 가지는 보통 첫 꽃 바로 밑의 2개의 곁가지를 길러, 원줄기와 함께 3대로 키운다. 키우는 곁가지 아래의 곁순과 잎사귀는 모두 따준다.
자라는 내내 묵은 잎을 따주어야 햇빛을 잘 받아 열매 색이 짙어지고, 바람이 잘 통해 병충해가 적다.

② 가을이 오기 전 키가 커져 연약해진 가지를 모두 잘라내 키를 줄이고, 다시 겨드랑이에서 나오는 줄기를 키운다.

진한 흑자색의 가지. 잘 키우면 포기당 50개도 딴다고.

세로로 찢어 말리면 고기맛 나는 가지말랭이가 된다.

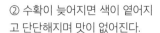

① 꽃이 피고 20일 정도 지나면 수확이 가능하다. 줄기가 나무줄기처럼 질기므로 가위로 잘라 수확한다.

② 수확이 늦어지면 색이 옅어지고 단단해지며 맛이 없어진다.

③ 가지는 10~12도의 상온에 두어야 신선도와 색깔이 오래 유지된다. 냉장보관을 하면 저온장애로 인해 광택이 없어지고 신선도가 떨어지니 주의한다.

가지, 감자, 고추, 토마토 등 가지과 채소를 갉아먹는 28점박이무당벌레!

칠성무당벌레는 진딧물을 잡아주는 고마운 익충이지만, 28점박이무당벌레는 애써 키운 채소의 잎을 사정없이 갉아먹는 해충이다. 28점박이무당벌레는 딱정벌레목 무당벌레과의 곤충으로 광택이 없는 주황색 등에 28개의 검은 점이 있다. 잘 날지 못하고 움직임이 둔해 잡기는 쉬운 편이다. 가지과 채소의 잎 뒷면에 알을 낳는데 그 알이 일주일 후 노란색 유충이 된다. 유충 또한 잎을 부지런히 갉아먹으니 성충과 유충 모두 보이는 즉시 제거해준다.

가지 잎에 앉은 큰 28점박이무당벌레.

그물 모양으로 토마토 잎맥을 몽땅 갉아먹은 유충.

1. 5월 말, 모종을 심은 지 한 달 즈음. 가지 잎이 손바닥보다 더 크게 자란다.

아래 곁순 제거!

2. 아랫단의 곁가지 제거, 가지는 생명력이 좋아 곁순을 따도 다시 또 부지런히 곁순을 낸다.

3. 가지는 생명력이 좋아 아랫잎과 곁순을 따내도 다시 또 돋아난다.

하얀 부분이 아침부터 자란 부분!

4. 6월 말, 반나절 자라난 흰 부분이 햇빛을 받으며 검은 자주색으로 변한다.

5. 7월 초, 화분재배로 첫 수확한 가지들. 수확할 때마다 시들고 묵은 잎 두어 개 정도 따준다.

고추

텃밭에서는 고춧가루를 낼 정도로 고추를 많이 기르지는
못하지만, 다양하게 나와있는 고추품종들을 취향대로 골라
몇 그루만 키워도 반찬과 양념재료로 요긴하게 쓰인다.
요리를 하다 필요한 만큼 바로바로 따 쓸 수 있으니
싱싱해서 좋고 농약 걱정 없어 좋다.

고추의 효능

고추의 매운맛 성분인 캡사이신은
식욕을 돋워주고 위 운동을 활발하게
해주어 소화기능을 촉진시킨다.

매운 맛은 씨랑
씨가 붙어있는 흰 부분
에 가장 많아!

고추의 매운맛은 체내의 지방을 분해시키고
유해물질을 몸 밖으로 배출시켜
비만 예방과 다이어트에 효과적이다.

다이어트!

비만탈출!

고추에는 비타민C가 사과의 20배 이상 들어 있는데,
특히 청고추보다 붉은 고추, 고춧잎에 더 많이 들어 있다.

Vit.C가 제일
많은 채소는
피 망!

고추는 성질이 맵고 뜨거워 냉증을 막아주고, 몸을 따뜻
하게 해주어 감기예방과 혈액순환에 좋다.

한기에는
청양고추,
고춧가루 넣은
콩나물국!

재배 일정

1월	2월	3월	4월	5월	6월	7월	8월	9월	10월	11월	12월

모종심기

수확

 **재배 순서**

고추란?

① 고추는 남미 아마존강 유역의 열대지방이 원산지로, 고온과 따뜻한 햇볕을 좋아한다.

② 고추는 병이 많은 작물로, 병을 피하기 위해서는 반드시 이어짓기를 피하고, 질소질 비료를 과다하게 주지 않으며, 통풍이 잘 되도록 신경 써야 한다.

③ 고추는 씨로 키우는 것이 어렵기 때문에 보통 모종을 구입해서 기른다. 시중에 다양한 품종이 나와있어 취향에 따라 골라 심을 수 있다.

1. 밭 만들기

① 햇빛이 잘 들고 배수가 잘 되는 기름진 땅으로 고른다. 고추는 이어짓기 피해가 심한 작물로 심었던 곳은 3~4년이 지나고 나서 심어야 피해가 없다.

② 모종심기 2주 전 밑거름을 주고 흙을 일군다. 고추는 생육 기간이 길기 때문에 밑거름을 넉넉히 주도록 한다.

③ 고추는 습기가 많으면 병해가 생길 위험이 크다. 장마 등으로 피해를 입지 않도록 높고 비탈진 이랑을 만든다. 높이 30cm로 두둑을 쌓는데, 물이 잘 빠지지 않는 밭은 더 높이 짓는다.

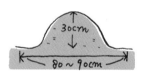

날이 충분히 따뜻해진 5월 초에 종류별로 사 온 고추 모종.

고추는 꼭 지지대를 세워주고 느슨한 8자로 묶어주어야 한다.

① 고추가 자라기 좋은 온도는 25~30도로 높다. 따라서 날이 충분히 따뜻해지고 햇빛이 좋은 날, 고추 모종을 구입해 심는다.

② 포기 사이에 40cm 간격으로 구멍을 판 다음 물을 주고 잘 스며들 때까지 기다린다. 모종에도 물을 주고 스며들 때까지 기다린 후 조심스럽게 빼낸다.

③ 모종을 심을 때는 너무 깊이 심지 말고 모종의 흙이 보일 정도로 심는다. 살짝 얕게 심어야 새 뿌리가 자라는 데 좋고, 병에 걸릴 위험도 적다.

3. 기르기

① 비바람에 쓰러질 수 있으니 반드시 지주를 세워 매준다. 하나에 하나씩 매거나, 2~3개에 하나씩 지주를 세워 줄로 엇갈려가며 잡아 매준다. 자라면서 한 뼘 간격 위로 1~2번 더 줄을 매준다.

② 고추는 자라면서 Y자로 줄기가 뻗는데, 이 Y자로 갈라진 부분을 방아다리라고 한다. 방아다리 가운데서 첫 꽃이 나오면 바로 따주어 열매보다 줄기성장을 돕도록 한다.

③ 방아다리 밑으로 나오는 겉순은 모두 따주고 원가지만 기른다. 아래 겉순을 따야 공기가 잘 통하고 흙물이 튀어 병이 오는 것을 막을 수 있다.

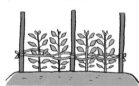

첫 꽃을 딸 때 아까운 마음도 들지만 다음 열매를 위해 또각!

고개를 숙이고 활짝 핀 하얀 고추 꽃. 가을까지 내내 핀다.

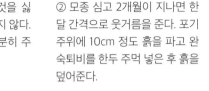

4. 가꾸기

① 고추는 습기가 많은 것을 싫어하지만 건조한 것도 좋지 않다. 4~5일 간격으로 물을 충분히 주도록 한다.

② 모종 심고 2개월이 지나면 한 달 간격으로 웃거름을 준다. 포기 주위에 10cm 정도 흙을 파고 완숙퇴비를 한두 주먹 넣은 후 흙을 덮어준다.

③ 중간중간 주변 풀을 매준다. 뽑은 풀을 두둑 위에 깔아두면 잡초 발생을 막을 수 있고, 수분 유지에도 도움이 된다.

5. 수확

① 파란 풋고추는 꽃 피고 3주가 지나면, 붉은 고추는 꽃 피고 50일 정도 지나면 수확할 수 있다.

② 비가 오거나 이슬이 있을 때 붉은 고추를 따면 꼭지에 물기가 있어 잘 썩으므로 물기가 없을 때 딴다.

③ 붉은 고추를 말릴 때는 이틀 정도 그늘에 널어 숨을 죽이고 난 후, 3~4일 햇빛에 널어 말려야 한다.

주렁주렁 처음 열리는 초여름 고추는 달고 껍질도 연하다.

빨갛게 익은 홍고추는 김치에 갈아넣고 나머지는 말려 쓴다.

다양한 고추 모종을 길러보자!

청양고추 매운맛을 내는 캡사이신이 일반 고추보다 6배나 더 들어 있는 그야말로 매운 고추! 비타민C도 일반 고추보다 10배나 많이 들어 있는데, 캡사이신이 비타민C의 산화를 막아 조리해도 영양소 파괴가 적다. 평소 양념으로 조금씩 쓰는 정도라면 딴 즉시 냉동실에 세워 보관하면 한겨울까지 먹을 수 있다.

꽈리고추 겉껍질이 꽈리처럼 쭈글쭈글한 모양의 고추로 멸치와 함께 기름에 볶아 먹거나 장조림, 꽈리고추찜 등을 해서 먹는다. 기름에 볶으면 꽈리고추에 함유된 베타카로틴 성분이 체내에 더 잘 흡수되어 좋다. 다른 고추에 비해 포기당 수확되는 수량이 많은 편이다.

아삭이고추 피망고추, 엄지고추, 멕시칸 고추 등으로 불린다. 과육이 단단하고 두꺼워 장아찌나 피클, 절임용으로 좋다.

당조고추 당조고추에는 당뇨를 예방하는 효소가 다량 함유되어 있어 혈당을 떨어뜨리는 기능을 한다. 또한 탄수화물 소화흡수를 저하시키는 기능을 해 내장지방 예방에도 효과가 있다고 한다. 당조고추는 연노란색에서 완전히 익으면 빨간색으로 변한다.

오이고추 기존 풋고추에 비해 크기가 훨씬 크고 매운맛이 약하며 아삭한 맛이 특징! 껍질이 연하고 달아 오이맛과 유사해 오이고추라 한다. 사실 풋고추와 파프리카, 피망의 교잡종이다.

하나만 먹어도 배부르겠네!

길쭉 길쭉해서 롱~고런

롱그린고추 롱그린고추는 이름 그대로 길이가 길게 자라는 고추다. 오이고추와 같이 맵지 않고, 껍질이 얇고 아삭하다. 키 크고 날씬한 모양에 미인고추라고도 부르는데, 길게 길게 자라는 모습이 보기에 재밌다.

'단고추'는 불어로 **피망**.

네덜란드어로 **파프리카!**

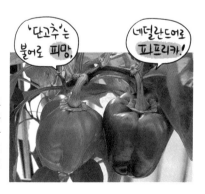

피망 / 파프리카 피망은 매운맛이 적고 단맛이 강한 서양식 고추인 단고추(sweet pepper)를 프랑스(piment) 발음으로 읽은 것이다. 피망을 뜻하는 네덜란드어는 파프리카(paprika)로, 파프리카는 피망을 더 달고 두툼하고 아삭한 과육으로 개량한 것이다. 피망은 보통 고추와 같이 초록, 빨간색이 있지만, 파프리카는 초록, 빨강, 노랑, 주황, 자주 등의 다양한 색을 갖고 있다.

1. 4월 말, 여러 종류의 고추 모종이 가득 나와 있는 동네 모종 가게. 인심도 넉넉하다.

2. 5월 초, 원가지 Y자 위로만 기르고 그 아래 자잘한 곁순은 모두 따준다.

3. 5월 중순, 고추의 방아다리에서 난 첫 꽃은 앞으로의 성장을 위해 따 준다.

4. 파프리카 꽃. 한 단에 튼실한 두어개만 키우고 나머지는 솎아주어야 제대로 크게 큰다.

5. 5월 말, 시든 꽃잎 사이로 씨방이 점점 자라 고추가 된다.

6. 6월 초, 날이 더워지면서 잎 뒷면에 진딧물이 보이기 시작한다.

7. 물엿희석액으로 숨구멍이 막혀 죽은 진딧물들. 뿌린 후 반나절이 지난 후 씻어내듯이 스프레이로 물을 뿌려 닦아준다.

9. 7월, 매일 종류별로 싱싱하고 연한 고추 수확!

8. 고추 꽃대에 앉은 칠성무당벌레는 진딧물을 부지런히 잡아먹는 익충.

10. 8월, 숨을 죽이기 위해 그늘에 넣어놓은 홍고추. 이틀 후 바깥 햇빛에 3~4일 넣어 말린다.

177

몸에 좋은 영양분이 풍부한

콩

콩은 아무 땅에서나 잘 자라고, 기르기도 쉽다.

콩은 색, 용도, 크기, 거두는 시기 등에 따라

종류가 무수히 많은데,

여기서는 집에서 콩나물로 기를 수 있는

노란 나물콩, 검은 서리태콩 그리고 녹두전이나

숙주나물로 활용해 먹을 수 있는

녹두 재배법을 소개한다.

콩의 효능

콩은 단백질과 지방, 탄수화물 등이 풍부한 식품으로 특히 콩의 40퍼센트를 이루고 있는 단백질은 필수아미노산을 많이 함유하고 있어 우리 몸에 매우 좋다.

나는 콩고기 먹는다!

콩의 지방질에는 리놀레산 함량이 높아, 콜레스테롤을 낮추고 고혈압을 예방하는 역할을 한다.

검은콩 + 식초 = 성인병에 특효!

검은콩의 안토시아닌 등의 성분은 항암, 항산화 작용을 해 성인병 예방과 노화방지에 탁월하다.

검은 콩 중에서도 쥐눈이콩(약콩)이 약효 최고!

검은콩에는 식물성 여성 호르몬인 이소플라본이 다량 함유 되어 있어, 갱년기 장애나 생리불순에 좋다.

갱년기 장애, 골다공증 안녕~!

 ## 재배 일정

1월	2월	3월	4월	5월	6월	7월	8월	9월	10월	11월	12월
			씨뿌리기	*서리태	*노란콩						
								수확			

*여름콩(강낭콩 등)은 4월 파종 / 7월 수확

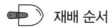 재배 순서

1. 밭 만들기

① 콩은 키우기가 까다롭지 않은 작물로 해가 잘 들고 물만 잘 빠지면 아무 곳이나 좋고, 자투리땅이나 밭두렁 사이에 심어도 상관없다.

② 스스로 질소질 비료를 만드는 콩은 거름없이 잘 자란다. 너무 건조하거나 척박하면 밑거름을 넣어준다. 많이 주면 웃자라고 수확이 적으니 주의!

③ 씨뿌리기 전 흙을 잘 일구어 70㎝ 너비의 이랑을 만든다. 고구마나 옥수수 등의 작물 사이에 섞어 심어도 괜찮다.

콩의 뿌리에 사는 뿌리혹 박테리아가 질소를 공급해!

ㄲㄷcm

2. 씨뿌리기

① 서리태는 5월 초중순에, 노란 콩은 6월 초중순에 씨를 뿌린다. 새가 심하게 쪼아 먹으면 따로 모종판에 씨를 뿌린 후 옮겨심는다.

② 30~40cm 간격으로 세 알씩 심고 흙을 덮은 후 물을 준다. 나뭇재나 숯가루 한 줌을 씨와 함께 넣어주면 좋다.

③ 모종의 경우, 3장짜리 본잎이 3개 나왔을 때 옮겨심는다. 이때 한곳에 2대씩 심으면 서로 기대어 쓰러지지 않고 열매도 잘 맺는다.

-콩 심어?

재

콩 3알.
재 한 줌.

새와 벌레와 사람의 몫으로 한 알씩. 그래서 세 알을 심는다고.

2대씩 심어 자리 잡은 콩. 본잎이 5장 났을 때 순지르기를 한다.

3. 가꾸기

① 자라는 초기에 풀매기를 두어 차례 해주어 잡초를 제거하고 북주기를 한다. 북을 줄 때는 떡잎 위 이파리가 달린 곳까지 덮어줘야 콩대가 쓰러지지 않고 수확이 많아진다.

② 3장짜리 본잎이 5~7매 정도 나오면 맨 위의 생장점을 잘라 순지른다. 그래야 더 많은 곁가지가 나와 마디마다 꽃이 피고 콩꼬투리가 더 달린다. 순지르기는 꽃이 피기 전에 해야 한다.

4. 수확

① 첫서리가 내리는 10월 이후에 수확한다. 콩잎 전체가 노랗게 변할 때까지 두었다가 깍지가 터지기 전에 거둔다.

② 한낮에 베면 바짝 말려 있는 콩깍지가 터져 콩이 떨어질 염려가 있다. 이슬이 채 마르지 않은 이른 아침 거두면 콩깍지가 덜 튄다.

③ 콩대를 뽑거나 낫으로 뿌리 윗부분을 벤 다음 햇빛에 펴 바짝 말린 후, 막대기로 두드려 턴다.

마디마다 콩꽃이 피고 난 후 콩꼬투리가 달린다.

수확 후 콩꼬투리가 노랗게 변할 때까지 햇빛에 말린다.

콩나물 기르기

노란 나물콩뿐 아니라 서리태 콩도 집에서 콩나물로 기를 수 있다. 기르기도 간편해 물이 빠질 수 있는 용기에 콩을 넣고 검은 천 등으로 덮어 빛을 차단한 후 5~7일 동안 수시로 물을 주면 된다. 더운 날씨엔 콩이 자라다 상할 수 있으니 한여름엔 주의한다.

1. 콩을 씻은 다음 5~12시간 정도 물에 불린다.

2. 물이 빠질 수 있는 구멍난 용기에 거즈나 키친타월을 깔고 불린 콩을 펼쳐놓은 후 빛을 차단시킨다.

3. 하루에 5~6회씩 신선한 물을 헹구듯이 끼얹어 준다. 물을 너무 많이 주면 콩이 썩고, 적게 주면 잔뿌리가 많이 생기니 주의!

4. 일주일 정도 후면 수확할 수 있다. 기온이 높으면 더 빨리 자란다.

콩과 식물에 사는 뿌리혹박테리아

땅콩의 뿌리

토끼풀의 뿌리

콩, 팥, 토끼풀, 칡, 아까시나무 등 콩과 식물의 뿌리에는 동그란 혹이 있는데 바로 뿌리혹박테리아가 사는 집이다. 이 박테리아는 뿌리에 기생해 식물의 당분을 먹고 사는 대신, 공기 중 질소를 고정해 작물이 쓸 수 있게 해준다. 콩과 식물은 이 뿌리혹박테리아 덕분에 질소 거름성분을 스스로 얻는다. 이렇게 뿌리혹박테리아가 있으면 거름기 있는 흙이 되어, 척박한 땅에 일부러 콩과 식물을 심기도 한다.

녹두 기르기

맛있는 숙주나물과 녹두빈대떡, 청포묵의 재료 녹두!

녹두는 노란콩과 같이 6월 초중순에 씨를 뿌리지만, 거두는 시기는 8월 초부터 10월 중순까지 꼬투리가 까맣게 익으면 수시로 수확한다. 이렇게 거두는 데 손이 많이 가는 작물이다 보니 국내에서는 점점 녹두 재배가 줄어들고 있고, 따라서 시중에서 판매되는 국산 녹두의 가격도 꽤 비싼 편이다. 텃밭에서 녹두전 해먹을 정도로 조금만 기르면 밭에 갈 때마다 수시로 거두는 재미가 꽤 쏠쏠하다.

1. 녹두는 특히 습기에 약하므로 물이 잘 빠지는 곳을 택해 6월 초중순경 콩과 같이 세 알씩 씨를 뿌린다.

2. 잎이 나오기 시작하면 풀매기와 북주기를 두어 차례 해준다.

3. 노란 녹두꽃이 여름과 가을에 걸쳐 내내 피고 지며 꼬투리를 낸다.

4. 꼬투리가 검게 변하면 다 익은 것. 꼬투리가 벌어져 녹두가 땅에 떨어지기 전에 수시로 수확한다.

5. 녹두와 콩 작물에 자주 나타나는 톱다리허리노린재. 침을 박아 즙을 빨아먹어 빈 꼬투리로 만든다.

6. 검고 긴 꼬투리 안에 연두색 녹두가 알알이!

7. 녹두는 손으로 일일이 까면 시간이 많이 걸리므로 바짝 말린 꼬투리를 발로 밟아서 털어낸다.

8. 녹두는 저장 중에 바구미벌레 피해를 입을 수 있으니 꼭 저온 냉장보관하자!

숙주나물 기르기

숙주나물을 기르는 방법은 콩나물 기르기와 같다. 숙주의 본래 이름은 '녹두나물'인데, 금방 잘 쉬어 변하는 성격이 조선시대 변절자 신숙주와 같다 하여 숙주나물이라 부르게 되었다.

서리태
2알씩!

일주일 후

또 일주일 후

1. 5월 중순에 콩 모종을 미리 만들어둔 후, 6월 중순경 감자를 캐고 난 자리에 모종을 심는다.

2. 9월 초, 파란 콩깍지가 주렁주렁~

3. 10월 중순, 콩깍지가 노랗게 물드는 대로 뿌리째 수확해 햇빛에 말린다.

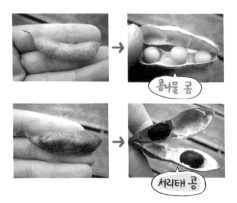

콩나물 콩

서리태 콩

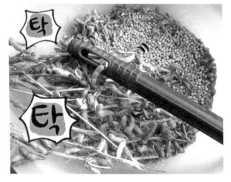

탁

탁

4. 바짝 말려 조금만 두드려도 콩이 구슬같이 튀어나온다.

4장

얼마만큼 컸나,
무럭무럭 뿌리채소

직접 길러봐야 참맛을 아는

감자

봄이 되면 텃밭 작물 중 가장 먼저 준비하고
심게 되는 것이 바로 감자!
감자는 서늘한 기후를 좋아하는 탓에 다른 작물보다
이르게 심는 데다 자라는 기간도 짧아,
심고서 석 달만 지나면 곧 묵직한
수확의 기쁨을 누리게 해준다.

감자의 효능

> 감자에 들어 있는 비타민C는 열을 가해도 전분이 보호막 역할을 해주어 쉽게 파괴되지 않는다.
>
> 감자는 '땅 속의 사과'!

> 감자에는 체내 여분의 소금을 배출시켜주는 칼륨이 풍부해 고혈압, 동맥경화증을 예방하고 치료하는 데 효과가 있다.
>
> 칼륨이 밥의 16배!

> 감자는 위 점막을 튼튼히 하고 궤양의 염증을 줄여주어 위궤양, 위경련 등을 예방하고 회복을 도와준다.
>
> 위궤양엔 날 감자즙!

> 감자는 피부를 탄력 있게 유지해줄 뿐 아니라 각종 피부 트러블을 제거해준다.
>
> 여름철 탄 피부, 습진, 기미엔 감자팩!

재배 일정

1월	2월	3월	4월	5월	6월	7월	8월	9월	10월	11월	12월
	씨감자 심기										
				수확							

재배 순서

① 감자의 원산지는 남미 안데스 산맥의 고산지대. 따라서 차고 서늘한 고랭지에서 잘 자란다.

② 감자가 자라기 적당한 온도는 15~21도로 보통 봄에 심어 한여름이 오기 전에 수확한다. 23도가 넘으면 감자알은 몸집 불리기를 멈춘다.

③ 감자에는 찐득한 느낌이 나는 점질감자와 포실포실 분이 나는 분질감자가 있다. 우리나라에서 재배되는 감자의 70페선트는 '수미' 품종으로 분질의 특성을 갖고 있는 점질감자다. 그 외에도 대지, 남작, 대서,두백 등의 품종이 있다.

─(**1. 밭 만들기**)─

① 햇빛을 잘 받는 곳에 심는다. 배수가 잘 되는 모래참흙이나 황토흙이면 좋다.

②자라는 기간이 3개월로 짧아 웃거름없이 밑거름만으로 키운다. 심기 2주 전 밑거름을 충분히 주고 흙을 부드럽고 깊게 갈아 둔다. 퇴비 넣기 2주 전 석회를 뿌려주면 좋다.

③ 골 너비 50㎝, 골 깊이 20㎝의 높고 긴 이랑을 만들어준다.

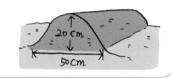

종묘상에서 산 씨감자, 싹이 조금씩 나있다.

씨감자를 자른 후, 자른 면을 재에 버무려 소독해 말린다.

2. 씨감자준비

① 3월이 되면 시장이나 종묘상에서 씨감자를 구입할 수 있는데, 씨감자는 바이러스를 제거한 것으로 보통 사 먹는 감자보다 비싸다. 보통 감자보다 씨감자를 심으면 수확량이 4배 정도로 많다.

② 씨감자는 소독한 칼로 토막을 내어 심는데, 달걀만 하면 2등분으로, 달걀보다 작으면 통째로 심는다. 최소 싹이 난 눈이 3개 이상 붙어 있도록 자른다.

③ 자른 면이 부패, 감염되지 않도록 이틀 정도 그늘에 두고 말려 상처를 아물린다.

3. 싹틔우기

① 씨감자는 3월 중하순경 본밭에 바로 심어도 되고, 3월 초순에 따뜻한 실내에서 싹과 뿌리를 키운 후 밭에 옮겨심을 수도 있다. 싹을 틔워심으면 초기 병해도 예방할 수 있고, 생육기간이 늘어나 수확량이 늘어난다.

② 실내에서 싹을 틔우기 위해서는 18도 정도의 온도, 그늘에서 기른다. 상토가 담긴 상자에 한 줄로 늘어놓은 다음 흙을 1~2cm정도 얇게 덮어준다.

③ 흙이 건조해지지 않도록 스프레이로 물을 뿌려 습기를 유지해준다. 새싹이 3~5㎝ 정도 자라면 본밭에 심는다.

실내에서 싹돋기를 한 후 본밭에 내다 심기 전의 씨감자.

씨감자로부터 많은 양분을 얻고 자란 튼튼한 감자 싹.

4. 씨감자심기

① 포기 간격 20~25㎝로 5~10㎝ 깊이의 구덩이를 파준 후 물을 주고 스며들 때까지 기다린다.

② 씨감자를 심기 전 깨끗한 나뭇재를 절단면에 묻히거나 심을 곳에 재를 한주먹 넣고 심으면 균을 예방할 수 있다. 싹눈이 위로, 자른 면이 아래로 향하도록 놓고 흙을 덮은 다음 물을 준다.

③ 한 달 정도면 감자 싹이 여러 대 올라오는데 모두 키우면 수만 많고 크기가 잘아진다. 싹이 10cm 정도 올라오면 굵은 싹 1~2대만 남기고 작은 건 뽑아내야 굵은 감자로 키울 수 있다.

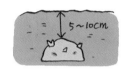

5. 가꾸기

① 싹이 한 뼘 정도 자라면 두어 번 북을 주며 풀을 매준다. 북주기를 잘해줘야 감자가 달리는 땅속 줄기가 많아져 수확량이 늘어난다.

② 감자가 위로 밀어 올라오면서 크기 때문에, 북주기가 부족하면 햇빛을 받아 파랗게 되어 먹을 수 없게 된다.

③ 싹이 트고 꽃이 필 때까지 물을 부지런히 주어야 감자 수량이 많아지고 크기도 커진다. 땅 깊숙히 물이 스며들도록 넉넉하게 주도록 한다.

씨감자가 움직이지 않도록 손으로 누른 후 싹 솎기를 한다.

두툼하게 자라는 감자 잎. 무릎 정도로 클 때쯤 꽃이 핀다.

7. 벌레관리

① 감자 잎이 어느 정도 자라나면 광택이 없는 주황색 등에 28개의 점을 갖고 있는 28점박이무당벌레가 나타나 잎을 갉아먹을 수 있다.

② 28점박이무당벌레는 다 자란 성충뿐 아니라 노란색 유충도 잎 뒤에 붙어 잎을 갉아먹는다. 주변 가지과 채소의 잎도 갉아먹으며 피해를 준다.

③ 28점박이무당벌레는 잘 날지 못하고 둔한 편이니 잎 앞뒷면을 잘 살펴 성충과 유충을 보이는 대로 제거한다.

8. 수확

① 6월 중순경 잎과 줄기가 누렇게 말라 시들어갈 즈음 수확한다. 비가 오거나 토양이 습할 때 캐내면 부패하거나 저장성이 떨어지므로 맑은 날을 골라 캐낸다.

② 캐낸 감자는 그늘에서 2~3일 말린 후, 서늘하고 통풍이 잘 되는 어두운 곳에 저장한다. 감자는 따뜻한 곳에 두면 싹이 나는데, 바로 캔 감자는 3~4개월 휴면하므로 그 사이엔 싹이 나오지 않는다.

③ 저장 중 감자 10kg당 사과 하나를 함께 놓아두면 싹이 나는 것을 방지할 수 있다. 사과의 에틸렌 효소 성분이 감자의 싹틔움을 억제하기 때문이다.

 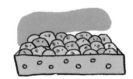 

감자잎 사이에 숨은 28점박이무당벌레.

감자 수확. 손안에 들어오는 저 정도 크기가 딱 좋다.

"하늘 본 감자는 먹지 마라"

하늘을 본 감자, 즉 땅 위로 나와 밝은 빛에 노출된 감자는 색이 초록색으로 변한다.

왜?

난 뿌리가 아니라, 덩이줄기니까!

고구마는 덩이뿌리!

감자는 땅속줄기 끝이 비대해진 것! 따라서 줄기인 감자는 빛을 보면 광합성을 해 녹색으로 변한다.

땅속줄기에 양분저장 ‖ "감자"

이렇게 녹색으로 변하면 매운맛이 나게 되며, 솔라닌이라는 유독 성분의 양이 증가하게 된다.

솔라닌은 현기증과 구토, 설사 등의 중독증상을 일으키며, 400mg 이상을 먹으면 목숨을 잃게 된다.

솔라닌은 주로 감자의 눈에 있는데, 보통 감자 한 알에 7mg 정도 들어 있다. 감자에 싹이 나거나 껍질이 녹색으로 변하면 솔라닌의 양이 증가하므로 반드시 도려내고 먹어야 한다.

사실 솔라닌은 감자의 싹을 노리는 벌레나 동물로부터 보호하기 위해 생긴거야!

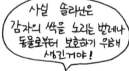

텃밭의 익충, 무당벌레!

이쁘게 생긴데다 진딧물을 잔뜩 먹어줘!!

텃밭의 해충, 28점박이!!

잎을 다 갉아 먹으면 얘들은 어쩌라구!!

너무해, 사실 난...

성격 온순한 잎만 먹는 채식주의잔데...

난 평화주의자.

그런가?

우히히~ 오늘은 100마리 잡아먹어야지!!

그럼 잡초잎만 먹어.

싫여!

1. 3월 말, 실내 화분에서 싹과 뿌리를 기른 씨감자를 꺼내 심는다.

2. 씨감자를 싹틔움 없이 바로 심을 땐, 2~3일 자른 면을 말리고 심기 전 재를 발라 심는다.

3. 4월 중순, 튼튼하고 기운차게 나온 감자 싹.

4. 5월 중순, 점점 키를 키우며 자라는 동안 북주기로 계속 흙을 올려준다.

5. 감자는 뿌리가 굵어진 것이 아닌 땅속 줄기 끝에 영양이 모여진 덩이 줄기!

6. 감자알이 여물어가는 건 땅이 갈라지는 걸 보면 알 수 있다.

7. 5월 말에 핀 감자 꽃. 감자 종류에 따라 꽃색이 다르지만 모양은 같다.

8. 화분에 심은 감자 세포기, 5월 말 덩치가 절정으로 컸다.

9. 6월 초 시들어가는 감자 포기, 누렇게 쓰러져가며 모든 양분이 감자알로 간다.

10. 6월 말, 감자 수확! 포기 째 뽑아올리고 땅속 숨은 감자를 조심해서 캔다.

11. 옥상 화분에 냉장고 싹이 난 감자 한개 반을 심어 얻은 수확물.

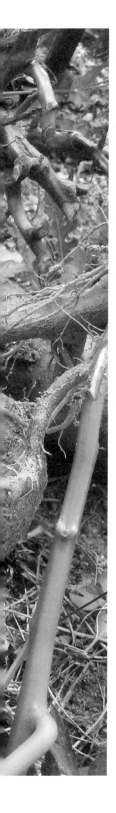

고구마

단위면적당 수확량이 최고인 고구마는
텃밭농사 중 수확하는 재미가 단연 최고인 뿌리채소다.
고구마순 한 단 심어 서너 상자 넘게 수확하니,
이웃들에게 선심 쓰며 몇 알씩 돌리기에도 안성맞춤이다.
고구마는 수확하기까지 크게 관리하지 않아도 되니
여유로운 밭이 있다면 꼭 심어보기를!

고구마의 효능

고구마를 잘랐을 때 나오는 하얀 진액인 얄라핀이라는 성분은 장 활동을 활발히 해주고 대장암 예방에 탁월하다.

고구마에 난 상처를 보호해주는 성분이 '얄라핀'

칼륨이 많아 몸에 쌓인 소금기를 소변과 함께 배출시켜주어 고혈압 등 성인병에 효과적!

싱겁게 먹을 수 없다면 매일 고구마 1개씩을!!

비타민과 미네랄이 풍부해 긴장, 스트레스 해소에 좋고 피부미용에도 좋다.

내 화장품은 고구마!

식물성 섬유가 많아 변비를 해소시켜주고, 콜레스테롤 배설도 촉진시킨다.

안색이 안 좋으시네요. 혹시 결 아십니까?

똥배

 ## 재배 일정

1월	2월	3월	4월	5월	6월	7월	8월	9월	10월	11월	12월
			모종심기								
								수확			

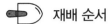 재배 순서

1. 밭 만들기

① 고구마는 척박해도 물빠짐이 좋은 땅이면 어디든 잘 자란다. 오히려 땅이 비옥하여 거름기가 많을수록 잎만 무성해지고 고구마는 덜 열린다.

② 심기 2주 전 밑거름 약간과 뿌리에 좋은 숯가루나 나뭇재를 넣어 땅을 일궈준다. 비옥한 땅이면 거름을 주지 않아도 된다.

③ 흙을 부드럽게 갈아 두둑을 높게 쌓는다. 두둑이 높으면 알이 영글 때 땅이 벌어지면서 공기가 잘 통해 고구마알이 굵게 잘 큰다.

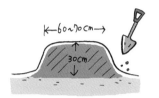

2. 모종심기

① 5월경 시장이나 모종 가게에서 단으로 파는 고구마 순 모종을 구입한다.

② 막대기로 깊게 구멍을 뚫거나, 호미로 길게 흙을 판 다음 물을 충분히 준다. 물이 스며든 후 고구마 순을 눕히듯 놓는다.

③ 잎을 서너 장 남기고 흙을 덮은 후 다시 물을 준다. 비 오기 전날 심으면 좋다.

두둑 위에 놓인 고구마 모종.

잎을 남기고 이불 덮듯이 흙을 덮어준다.

① 심고 난 후 잎이 힘을 받을 때까지 3~5일에 한 번씩 물을 준다. 자리를 잡으면 곧 덩굴을 뻗기 시작한다.

② 덩굴이 어느 정도 퍼지기 전에는 잡초가 고구마의 성장을 방해할 수 있다. 잡초가 올라오는 대로 풀을 매준다.

③ 고구마는 따로 웃거름을 해주지 않아도 된다.

4. 줄기 수확

① 여름이면 고구마 줄기가 무성해지면서 도톰해지는데 서리내리기 전까지 이 잎줄기를 따 반찬으로 먹을 수 있다.

② 한 뼘이 넘는 굵고 긴 것으로 골라 잎은 따고 줄기만 정리해 한 꺼풀 벗긴 후 나물이나 김치로 해 먹는다.

③ 묵나물로 만들수도 있는데, 살짝 삶아 바람이 잘 통하는 곳에 말리면 겨우내 좋은 밥반찬이 된다.

자리를 잡은 후, 잡초도 함께 크니 미리미리 뽑아놓는다.

한여름, 무성하게 자란 굵은 고구마 줄기.

5. 수확

① 고구마는 추위에 약해 꼭 서리 오기 전에 캐야 한다. 서리를 맞으면 저장 중 쉬이 썩는다.

② 낫으로 줄기를 잘라 걷어내고 호미로 캐낸다. 캘 때 상처가 나면 쉽게 상하니 조심해서 캔다.

③ 캔 고구마는 사나흘 바람이 잘 통하는 그늘에 두고 말렸다가 안으로 들인다.

6. 저장하기

① 캔 고구마는 바로 먹는 것보다 한 달 정도 저장후 먹으면 단맛이 더 증가한다. 고구마 내 수분이 감소하고 효소작용으로 녹말이 당분으로 변화되기 때문!

② 고구마의 고향은 덥고 건조한 중남미로 추위에 무척 약하다. 9도 이하로 내려가면 냉해 피해를 입어 쉽게 썩으니 냉장고 보관은 피한다.

③ 저장 적정 온도 12~15도 정도 되는 곳에 종이푸대나 상자에 담아 신문지로 살짝 덮어 어둡고 바람이 잘 통하는 그늘에 놓는다.

고구마알이 영글면서 땅이 갈라지며 들려 올라온다.

10월 고구마 수확, 모종 한 줄기에서 나온 고구마.

1. 5월 초, 호박고구마 모종 한 단 구입. 모종 가게에선 고구마 종류별로 모종을 판다.

2. 잠시 모종 뿌리를 물에 담가놓은 후 심는다. 맨 아래는 흙을 덮은 모종, 그 위로는 아직 흙을 덮지 않았다.

3. 며칠 시들시들 몸살을 앓는 듯하다가 자리를 잡는다. 모종 심고 12일 후.

4. 7월 말, 보기 힘들다는 고구마꽃이 매해 한 두 포기 정도 핀다.

5. 8월 말, 덩굴이 빽빽이 뻗어 잎과 줄기가 무성한 고구마 밭.

6. 여름, 통통하고 실한 고구마 줄기를 수시로 수확할 수 있다.

7. 자라는 중간중간 고라니가 흙을 파헤치고 고구마를 먹어 치운다.

8. 10월 중순, 고구마 수확. 호미로 캐기에 흙이 너무 단단해 난감해하고 있다.

9. 쇠막대로 땅을 들썩거려 고구마 줄기째 상처 없이 캘 수 있었다.

10. 크기별로 구분, 상처 난 것부터 먹는다. 고구마 모종 한단으로 세 집이 충분히 먹을 만큼 양이 나온다.

211

쑥쑥 뽑는 맛이 좋은

무

작은 씨앗에서 어느새 땅을 뚫을 듯이 굵고 크게 자라는
무를 보노라면 대견하고 신기하다.
텃밭에서 농약 없이 무를 기르면 무청잎 하나 버리는 것 없이
알뜰하게 챙길 수 있어 좋다.
무는 밭을 여러 번 갈아 부드럽게 해주어야
뿌리가 잘 든다니, 밭 만들기부터 정성을 들여 가꿔보자!

무의 효능

무에는 디아스타아제라는 소화효소가 들어 있어 소화를 돕고 위장을 튼튼하게 해주어 과식이나 소화불량, 위장병 등에 좋다.

천연 소화제!

무는 담을 삭히고 염증을 가라앉히는 작용을 해 기관지염, 기침, 가래 등에 좋다.

목 아플때 최고

갈은무 + 생강즙 + 뜨거운 물

무는 발암물질 및 몸 안의 노폐물을 제거해주고, 식물성 섬유가 풍부해 장내 노폐물을 배출시켜준다.

니코틴 중화에도 무~

무잎을 말린 무청에는 비타민, 철분, 칼슘 등이 뿌리보다 더 많이 함유되어 있으며, 혈액순환을 돕고 통증을 없애주는 작용을 한다.

골다공증 관절염 요통 날 드셔!! 빈혈

 ## 재배 일정

1월	2월	3월	4월	5월	6월	7월	8월	9월	10월	11월	12월
		씨뿌리기	봄무				가을무				
				수확	봄무				가을무		

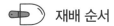

무는?

① 무는 배추와 같이 서늘한 기후를 좋아해서 더위보다 추위에 강하다.

② 무는 해가 길어지면 꽃대를 내기 때문에 봄에 기르기가 까다롭다. 무가 자라기 좋은 계절은 가을로, 가을무가 봄무보다 맛도 좋고 저장성도 좋다.

③ 무 씨앗은 봄, 여름, 가을 재배별로 품종을 나눠 판매한다. 봄 재배에 가을 재배용 무씨를 파종하면 꽃대가 빨리 올라올 수 있으니 계절에 맞는 씨앗을 준비하자.

1. 밭 만들기

① 해가 잘 들고 물빠짐이 좋으며 습기가 적당한 곳으로 고른다.

② 무를 심을 곳을 여러 번 갈아 깊고 부드럽게 해야 큰 뿌리가 든다. 돌과 나뭇조각 등은 뿌리를 제대로 자라지 못하게 하고 갈라지게 하니 꼼꼼히 제거한다.

③ 씨뿌리기 2주 전에 밑거름을 넣고 깊이 갈아준다. 덜 발효된 퇴비도 무 뿌리를 변형시키므로 꼭 완숙된 퇴비를 넣어야 한다. 한 줄로 심을 경우 두둑을 폭 30~40cm로 만든다.

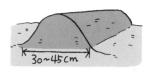

씨봉투 뒤의 재배 적기표를 잘 보고 계절에 맞게 구입한다.

하트 모양 떡잎 사이 본잎이 나온 무 싹.

2. 씨뿌리기

① 무나 당근은 모종을 내지 않고 바로 밭에 씨를 뿌려야 한다. 모종을 내어 옮겨심으면 잔뿌리가 많아지고 곧게 자라지 않거나, 몸체가 갈라질 수 있다.

② 25~30㎝ 간격으로 3~5알씩 점뿌림을 한 후, 1㎝ 정도 흙을 덮고 물을 준다.

③ 씨가 넉넉하다면 호미로 길게 골을 내어 2~3㎝ 간격으로 줄뿌림을 하여 나중에 솎아서 열무로 먹는다.

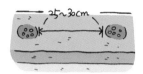

3. 솎아주기

① 떡잎이 나오고 본잎이 한두 장 되었을 때부터 솎아낸다.

② 본잎이 5~6장일 때 하나만 남기고 모두 솎아낸다.

③ 줄뿌림을 한 경우, 최종 간격 25~30cm가 될 때까지 솎아내 겉절이나 국, 나물 등으로 활용해 먹는다.

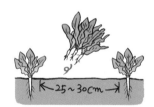

중간중간 솎아내서 나물이나 국거리 등으로 활용한다.

밖으로 나온 뿌리 부분이 파랗게 변하는데 이 부분이 더 달다.

① 자라는 중간 웃거름을 주는데 포기 사이 뿌리에 닿지 않을 거리에 준다.

② 중간중간 주변의 잡초를 매주면서 흙을 모아 덮어주는 북주기를 한다. 북주기를 하면 무가 제대로 서고 뿌리 길이가 길어진다.

③ 무잎에는 진딧물이나 무잎벌레, 벼룩잎벌레 같은 해충이 생길 수 있다. 씨를 뿌리고 바로 한랭사 같은 방충망을 해주면 피해를 막을 수 있다. 날이 서늘해지고 잎이 자라는 힘이 좋아지면 벌레가 덜하다.

5. 수확

① 씨뿌린 후 90~100일 정도 되면 수확이 가능하다.

② 수확이 늦어지면 바람들이 현상이 생겨 먹을 수 없게 되니 제때 거둔다.

③ 무청은 다듬어 그늘에 매달아 말려 시래기로 만든다. 끓는 물에 데쳐 그늘에 말릴 수도 있는데, 바로 먹을 것은 물기를 살짝 짠 다음 냉동보관하여 쓴다.

무 수확! 알이 작은 것은 총각김치나 동치미로 담근다.

무청을 옷걸이에 걸어 그늘에서 말리면 시래기로 변신!

열무와 알타리무도 길러보자!

열무와 알타리무는 무 종자에서 품종을 개발한 것으로, 씨를 촘촘히 뿌려 여린 무잎을 키워 먹는 것이 열무고, 무를 작게 키워 먹는 것이 알타리무다. 열무와 알타리무는 여리게 키우는 만큼 자라는 기간이 짧아 1년에 여러 번 재배가 가능하고, 웃거름 없이 밑거름만으로 키울 수 있다.

열무 기르기

1. 열무는 주로 봄여름에 재배하는데 4월 중순부터 7월 중순까지 수시 파종이 가능하다. 20㎝ 간격으로 줄을 내어 1㎝ 간격으로 줄뿌림한다.

2. 촘촘한 부분을 중간중간 솎아가며 키운다. 열무는 약간 빽빽하게 키워야 수확량도 좋고 뿌리 비대도 늦다.

3. 씨뿌린 후 40일 정도에 수확한다. 키가 작고 도톰하게 자라면 좋다. 수확 시기가 늦어지면 잎이 거칠어지거나 꽃대가 올라올 수 있다.

4. 열무김치를 담가 냉면, 국수, 비빔밥 등에 넣어 먹는다.

알타리무 기르기

1. 알타리무는 봄가을 재배가 가능하다. 5월초 또는 8월말 즈음 20cm간격으로 줄을 내어 1~2cm 간격으로 줄뿌림한다.

2. 6~8㎝ 간격이 될 때까지 2~3회 솎아준다. 솎기를 철저히 해서 간격을 넓혀주어야 뿌리가 제대로 커진다.

3. 씨뿌린 후 50일 정도에 수확한다. 수확이 늦어지면 뿌리 부분이 딱딱해지고 잎도 뻣뻣해진다.

4. 총각김치나 동치미로 담가 먹는다. 총각무는 자르지 않고 김치를 담그면 아삭한 맛이 더 오래 간다.

무 껍질에는?

무껍질과 껍질 바로 밑에는 무의 속보다 비타민c, 식이섬유, 그리고 칼륨이 2배 정도로 많다. 또한 소화에 도움이 되는 효소와 혈액을 맑게 해주는 루틴성분 등 좋은 성분이 무껍질에 더 많이 들어있으니 벗기지 않고 그냥 깨끗이 씻어 먹는 것이 좋다.

1. 9월 초, 흙을 들어 올리며 힘차게 나는 무 싹.

2. 열무의 떡잎을 갉아먹는 무잎벌레. 톡톡 튀어 다니고 크기가 작아서 잡기가 힘들다.

3. 화분에 심은 알타리무. 떡잎사이 본잎이 하나 둘 나오기 시작한다.

4. 5일 후, 왕성하게 본잎이 자란 알타리무.

5. 자라는 중간중간 몇 번의 솎아내기로 자리를 넓혀주어야 알타리무 뿌리가 제대로 든다.

6. 5월 말 무꽃, 가을 재배 무씨를 봄에 뿌리면 채 자라기 전에 꽃대를 내게 된다. 곡 재배 적기표를 지켜야 한다.

7. 10월 초, 다 자라기 전에 무청을 거두면 시래기가 억세지 않다. 시중에 시래기 전용 무품종 씨앗도 따로 나와있다.

어허~ 시원하다!

8. 무껍질을 맛있게 먹는 벌레 발견!

10. 11월 초, 영하로 내려가기 전에 무 수확!

9. 10월 말, 알타리무 수확! 알타리무는 기르기 쉬워 화분 재배도 용이하다.

11. 텃밭 무가 알은 작아도 단단하고 맛이 알차다.

223

주홍빛이 고운

당근

자라는 내내 파슬리 같이 예쁜 잎이 바람에 하늘거려
눈이 즐겁고, 수확할 때는 묵직한 주홍색 뿌리가 쑥쑥
뽑히는 손맛을 주는 당근!
직접 기른 당근은 그 진한 향기와 아삭함이 대단해
파는 것과는 비교할 수 없을 정도다.
당근은 화분재배로도 잘 자라니 꼭 도전해보길!

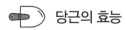 **당근의 효능**

당근의 주황색 색소인 카로틴은 강력한 항산화작용으로 암을 예방하고 체내 독성물질을 제거하는 데 효과적!

카로틴 양이 다른 녹황색 채소의 12배!

당근의 베타카로틴은 체내에서 비타민A로 바뀌어 눈을 건강하게 유지시켜주고 야맹증을 예방!

하루 필요한 비타민 A = 당근 1/3조각!

당근은 혈액량을 늘리고 피의 흐름을 좋게 해 빈혈, 저혈압에 좋고 피로회복에 도움을 준다.

당근은 피부를 튼튼하게 해주어 피부가 거칠고 건조할 때, 여드름 같은 피부 트러블이 있을 때 먹으면 좋다.

아토피에도 좋아요!

재배 일정

1월	2월	3월	4월	5월	6월	7월	8월	9월	10월	11월	12월
					씨뿌리기						
								수확			

*3월말 파종, 7월초 수확하는 봄재배 당근 품종도 있다.

228

 재배 순서

1. 밭 만들기

① 토양이 습하면 색이 나빠지므로 배수가 잘 되는 비옥한 곳으로 고른다.

② 당근은 같은 곳에서 3~4년 연작하면 수량도 늘어나고 품질도 좋아진다.

③ 씨뿌리기 2주 전 밑거름을 넣는다. 뿌리변형을 주는 돌, 나뭇가지 등을 제거하고 깊이 갈아 폭 60cm의 높은 두둑을 만든다. 화분재배일 경우 30cm정도 깊이의 화분을 준비한다.

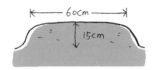

2. 씨뿌리기

① 당근 씨앗은 수명이 15개월 정도로 짧으므로 씨앗을 구입할 때 포장년월을 꼭 확인한다.

② 바닥에 충분히 물을 뿌려 스며들게 한 후, 포기 사이 15cm로 줄뿌림한다.

③ 당근 씨는 햇빛이 있어야 발아하기 때문에, 씨뿌린 다음 흙을 3~5mm로 얇게 덮고 가볍게 손바닥으로 누른다.

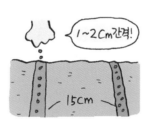

더러 뾰족한 가시 같은 털이 있는 씨가 있다.

7월 말, 길쭉한 떡잎 사이로 파슬리 같은 본잎이 나온다.

① 서로 잎이 닿지 않게 2~3회 솎아주며, 최종 간격이 10~15cm가 되게끔 가꾼다. 솎은 후 포기 사이로 웃거름을 넣어주면 좋다.

② 당근은 초기 성장이 느려 잡초에 파묻힐 수 있다. 뿌리에 상처 입히지 않도록 주의하며 자주 김을 매준다.

③ 수확하기 1개월 전쯤 밖으로 드러나 있는 뿌리 윗부분이 녹색으로 변하기 전에 줄기가 덮이지 않을 정도로만 흙을 북돋아준다.

4. 수확

① 당근 어깨(당근의 뿌리와 줄기가 나뉘는 부분)가 벌어지고 바깥 잎이 땅에 닿을 정도로 축 늘어지면 수확할 때다.

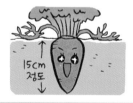

② 수확이 늦어지면 뿌리 표면이 거칠어지거나 세로로 갈라져버린다.

③ 당근은 0도, 93퍼센트의 습도에서 6개월 이상 저장이 가능하다. 겨울에는 흙을 더 덮고 그 위에 짚 등으로 보온해두면 필요할 때마다 꺼내 먹을 수 있다.

과감하게 솎아주기를 해야 제대로 된 크기로 큰다.

10월, 줄기째 들어올려 당근을 수확한다.

당근은 기름과 함께!

당근 끝이 갈라졌어요!!

간혹 당근 끝이 몇 갈래로 갈라져서 마치 여러 개의 당근이 붙어 있는 듯한 모습을 볼 때가 있다. 토양 해충이나 돌과 같은 장애물이 있을 때, 비료가 뿌리에 바로 닿았을 때 이런 일이 발생하는데, 이를 방지하기 위해서는 밭을 만들 때 최대한 돌을 골라내고 흙을 부드럽고 깊게 갈아주고, 자라는 동안 완숙퇴비와 수분을 충분히 공급해주면 된다.

1. 7월 중 파종. 주로 5촌 당근씨를 많이 파는데 5촌은 5치 (15cm)를 말한다.

2. 9월 중, 아까워도 최종 간격 10cm이상이 될 때까지 계속 솎아주어야 제대로 큰 당근을 수확할 수 있다.

4.10월 초, 수확하기 1개월 전부터 뿌리 윗부분이 밖으로 드러나니, 녹색으로 변하기 전에 흙을 북돋아준다.

3. 솎은 것은 미니당근처럼 먹고, 여린 당근잎은 파슬리 대용으로 쓸 수 있다.

5 10월 중, 적당한 크기로 잘 자란 화분 재배 당근 수확!

흙 속 고소한 보물찾기

땅콩

'땅속에서 나는 콩' 땅콩은 열매가
맺히는 모습이 무척 흥미롭다.
노란 땅콩꽃이 지면 줄기가 길게 자라
땅에 박혀 그 끝에 땅콩이 여문다.
그래서 땅콩의 또 다른 이름은
낙화생(落花生: 꽃이 떨어진 자리에 생긴다)이다.
땅콩은 이렇듯 특이하게 자라는 모습을 관찰하는
재미를 줄 뿐 아니라, 수확할 때는 흙을 뒤지며
이삭 줍는 재미도 주는데
그야말로 보물찾기 놀이가 따로 없을 정도다.

땅콩의 효능

땅콩은 몸이 야위고 힘이 없을 때 기력을 증진시켜주는 천연 영양제!

13종의 비타민 + 26종의 미네랄

땅콩의 비타민E는 혈관 벽을 청소하여 동맥경화를 예방해준다.

비타민 E로 노화방지를!

땅콩은 호흡기 기능을 강화해 폐가 약해진 만성 기침에 좋다.

콜록 콜록

땅콩은 기억력 증진과 두뇌발달에 좋아 어린이나 정신노동을 하는 사람에게 필수!

 ## 재배 일정

1월	2월	3월	4월	5월	6월	7월	8월	9월	10월	11월	12월
		씨뿌리기									
			모종심기								
								수확			

 **재배 순서**

땅콩은?

① 남미가 원산지인 땅콩은 고온에서 잘 자라고 건조에 다소 강한 열대성 작물!

② 땅콩은 다른 콩과 식물과 달리 땅 위에서 열매를 맺지 않고, 씨방줄기가 길게 자라 흙을 뚫고 들어가 땅속에서 열매를 맺는다.

③ 땅콩은 석회질이 풍부하고, 씨방줄기가 흙을 뚫기 쉬운 모래참흙에서 잘 자란다.

2. 밭 만들기

① 배수가 잘 되는 모래참흙에서 잘 자라나, 보통의 흙이라면 과습하지 않고 해를 잘 받는 곳으로 선택한다.

② 거름기가 많으면 잎줄기만 무성해지니, 심기 2주 전 밑거름을 약간만 넣어준다. 땅콩은 칼륨을 많이 필요로 해 나뭇재, 숯가루 등을 함께 넣어주면 좋다.

③ 씨방줄기가 쉽게 들어갈 수 있도록 흙을 부드럽게 일궈준 후 90㎝ 정도의 두둑을 만든다.

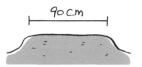

5일장에서 사온 땅콩 모종. 덤으로 하나 더!

5월 중순, 자리를 잡은 땅콩. 밤이면 잎을 접고 잔다.

3. 씨뿌리기

① 4월 중~5월 초순 사이에 땅콩 종자를 구입해 심는다. 이때 기온은 18~20도 정도 돼야 싹트고 자라는 데 지장이 없다.

② 포기 사이 30㎝ 간격으로 씨를 세 알씩 넣어 심는다. 싹이 나면 2대 정도만 남기고 솎는다.

③ 또는 5월에 땅콩 모종을 모종 시장에서 구입해 심을 수 있다.

기온이 낮으면 싹트는데 오래 걸려.

인터넷에서도 구입 가능!

4. 가꾸기

① 자라면서 잡초에 휩싸일 수 있으므로 자주 김을 매준다.

② 6월부터 땅콩 꽃이 피기 시작한다. 꽃이 지면서 씨방줄기가 길게 자라 땅속으로 들어간다. 흙속으로 들어가기 쉽게 북주기를 해준다.

③ 씨방줄기가 땅속으로 들어간 후 한 달 동안이 수분이 가장 필요한 시기이므로, 날이 가물면 물을 충분히 대준다.

짚이나 풀을 덮어주면 잡초가 덜 올라온다.

흙을 잘 덮어줘야 잘 커!

어머, 친구야!?

6월, 노란 나비 같은 땅콩 꽃이 피기 시작한다.

씨방줄기

꽃이 진 자리에 씨방줄기가 길게 자라 땅속으로 콕!

5. 수확

① 수확할 때 즈음 잎이 누릇누릇하게 변한다. 10월 첫서리가 오기 전에 수확한다.

② 포기째 뽑아 거두고, 호미로 흙 속을 잘 살펴 떨어진 땅콩 이삭들을 줍는다.

③ 그늘에 포기째 펴서 일주일 정도 말린 후 꼬투리를 딴다. 다시 며칠 말린 후 꼬투리째 밀봉하여 서늘한 곳에 보관한다.

6. 먹는 방법

① 껍질째 씻어 잠길 정도로 물을 붓고 소금을 조금 넣은 다음 20분 정도 삶아서 먹는다.

② 프라이팬에 넣고 약한 불에 20분 정도 뒤적이듯 볶아서 먹는다.

③ 전자레인지에 한 움큼씩 넣고 3~4분 정도 돌려 익혀 먹는다.

10월 초 수확, 포기째 잡아 뽑은 후 그늘에서 말린다.

흙을 씻어 다시 바짝 말린 다음 꼬투리째 보관!

1. 5월 초, 모종 가게에서 땅콩 모종 구입!

2. 심기 전 땅콩 모종, 저 튼실한 떡잎이 우리가 먹는 땅콩알.

3. 6월 초, 잎 수가 늘면서 노란 땅콩 꽃이 피기 시작한다.

4. 6월 중, 2줄로 심은 땅콩이 무성하게 자라 빽빽해졌다.

5. 7월 중, 꽃이 진 후 씨방줄기가 땅을 향해 길게 자란다.

6. 8월 말, 땅속에 박힌 씨방줄기 끝을 살살 파보면

7. 그 끝에 땅콩이 여물며 크고 있다.

8. 10월 땅콩 수확, 호미로 땅을 찍어 포기째 들어올린다.

9. 포기에 달린것보다 더 통통한 땅콩들이 흙 속에 떨궈져 있으니 호미로 잘 살펴 줍는다.

10. 크기로 크고 껍질도 얇은 땅콩 수확!

11. 전자레인지에 돌려 익힌 땅콩. 직접 기른 국산 땅콩 껍질색은 연한색, 반면 수입 땅콩은 진한색이다.

생강

생강은 자라는 동안 화초 같은 잎으로 텃밭을 멋지게
장식하다가, 수확 후엔 바로 김장에 쓰이고
또 냉동저장하면 1년 내내 양념으로 쓰인다.
또한 더운 기운을 발산하는 생강은 감기나
몸이 냉할 때 특효가 있으므로 겨울 대비 약차로
만들어두면 유용하다. 몸이 차고 순환이 안 된다면
매해 생강 몇 쪽 심어봄이 어떤지.

생강의 효능

생강은 감기로 인한 기침, 가래, 오한 및 기관지 손상에 특효!

감기엔 나!

생강의 매운맛과 향은 위액 분비를 촉진시켜 식욕을 증진시키고 소화를 돕는다.

생강은 종합위장약!

생강은 세균에 대한 살균작용이 뛰어나 음식으로 인해 탈이 나는 것을 막아준다.

생강은 열을 발산시켜 몸을 따뜻하게 하고 막힌 기운을 풀어줘 혈액순환에 좋다.

수족냉증!

얼음공주, 날 드시오!

 ## 재배 일정

1월	2월	3월	4월	5월	6월	7월	8월	9월	10월	11월	12월
		씨생강심기									
							수확				

재배 순서

1. 밭 만들기

① 생강의 원산지는 고온다습한 아시아의 아열대 지방. 따라서 고온에서 잘 자라고 충분한 수분이 유지되어야 한다.

② 물빠짐이 좋고 반음지의 건조하지 않은 곳을 선택한다. 이어짓기를 싫어하니 이전에 심은 곳은 피한다.

③ 심기 2주 전 밑거름을 충분히 주고 섞은 다음 120㎝ 너비의 두둑을 만든다.

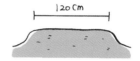

2. 씨생강심기

① 생강은 줄기가 땅속에서 덩어리로 자란 덩이줄기다. 봄에 시장에서 싹이 난 씨생강을 구입할 수 있다. 한 조각에 싹눈이 3개 정도 붙어 있게 쪼갠다.

② 쪼갠 생강을 하나씩 30cm간격으로 2줄로 심고 2~3배의 흙을 덮는다.

③ 건조를 막기 위해 수확 때까지 마른 짚 등을 흙이 보이지 않을 정도로 덮어준다.

씨생강덩어리를 씨눈이 3개 정도 붙어 있게 쪼개서 심는다.

심은 지 한 달이 지나야 나오는 생강 싹.

3. 가꾸기

① 생강은 땅 위로 싹이 트기까지 한 달 정도나 걸린다. 생강싹이 트기 위해서는 기온이 18도 이상 올라야 한다.

② 싹이 튼 후 수확 때까지 2번 정도 웃거름을 주고, 중간중간 풀매기와 북주기를 한다.

③ 건조에 약하니 여름이 되기 전 두둑 전체를 짚 등으로 깔아주고, 여름 가물 때는 물을 듬뿍 준다.

4. 수확

① 9~10월이 되면 잎이 마르면서 누렇게 변색되기 시작한다. 이때부터 필요할 때마다 조금씩 잘라 캐내어 쓸 수 있다.

② 10월 서리 오기 전 모두 캐낸다. 서리를 맞으면 냉해를 받아 저장 중 많이 썩는다.

③ 김장 때까지 두려면 생강 포기에 흙을 두껍게 올리고 짚과 보온 덮개 등으로 덮어둔다.

초가을,늘어난 잎대만큼 덩이줄기 생강이 덩치를 불리고 있다.

수확 후, 원래 심었던 씨생강과 새로 자란 생강을 동시에 볼 수 있다.

토종생강 VS 개량생강

생강의 종류에는 오랫동안 우리나라에서 재배되어온 재래종 토종생강과 근래에 중국에서 종자를 수입해 가져온 개량생강이 있다.

토종생강은 알이 작고 껍질이 연한 갈색이며 여러 갈래로 길쭉하게 자란다. 개량생강은 대체로 알이 크고 껍질은 진한 노란색이며 둥글고 굵게 자란다. 껍질을 깐 속살도 차이가 있는데, 토종생강은 푸르스름한 살색을 띠고, 개량생강은 밝은 노란색을 띤다. 그러나 무엇보다 가장 큰 차이는 싱겁고 향이 적은 개량생강에 비해 토종생강은 진한 맛과 향을 가지고 있다는 것이다.

토종생강이 맛과 향, 저장성까지 뛰어나지만 개량생강이 크기가 배나 굵고 수확량이 좋다는 이유로 시장의 대부분을 점유하고 있다. 4, 5월 재래시장에 가면 대부분 개량생강 씨종자를 판매하지만, 잘 찾아보면 토종생강 씨종자도 판매하니 직접 길러 그 맛과 향의 차이를 느껴보자!

연한 갈색의 토종생강

밝은 노란색의 개량생강

노란색의 개량생강 / 푸르스름한 토종생강

이럴 때 생강차 한 잔!

생강차 만드는 법

1. 껍질을 벗겨 믹서에 갈거나 얇게 저며, 물에 잠시 끓이거나 끓인 물을 부어 우려 마신다.
2. 껍질을 벗겨 얇게 저민 생강을 꿀이나 설탕에 켜켜이 재어둔 후, 끓인 물을 부어 마시거나 잠시 끓여 마신다.
3. 껍질 깐 생강을 편 썰어 바짝 말려 보관, 필요할 때마다 적당량 물에 넣어 끓여 먹는다.

1. 4월이면 시장에서 각종 모종과 씨생강을 널어놓고 판다.

2. 7월 초, 하나던 잎대가 두대로, 점점 잎대가 점점 늘어난다.

3. 8월 말, 늘어난 잎대 아래 보이는 생강, 생강은 뿌리가 얕게 내리므로 북주기를 하고 짚 등으로 덮어준다.

4. 9월 중순, 생강 잎이 하나 둘 노랗게 시들기 시작하면 필요한 만큼 캐내어 먹을 수 있다.

5. 10월 말, 냉해를 받기 전에 모두 캐내어 정리한다.

6. 토종 씨생강 두어 덩이 잘라 심어 그 몇 배로 수확.

5장

쓰임새도 맛도 다양한
채소들

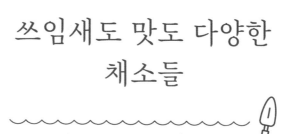

매일 반찬의 기본

양파

양파는 가을에 심어 겨울을 나고, 봄에 새잎을 내며 자라다 초여름에 거둬들인다. 양파는 기본 양념에 필요한 채소로 많으면 많을수록 좋은데, 고구마나 콩 등을 수확하고 난 자리를 잘 정리해 양파 모종을 심으면 좋다.

① 10월 중순, 모종 가게에서 구입한 양파 모종 한 판. 양파는 씨로 기르기가 까다로우므로 모종을 구입해 심는다. 대파와 마찬가지로 배수가 잘 되는 곳에 심기 2주 전 밑거름을 충분히 주고 자리를 만든다.

② 한 뼘 정도 간격으로 하나씩 3~5cm 깊이로 심는다.

③ 한 달이 못 되어 똑바로 선다.

④ 12월, 서리를 맞아도 끄떡없는 양파. 겨울을 잘 날 수 있도록 짚 등을 깔아주어 보온에 신경쓴다.

겨울과 봄 사이 땅이 얼어 들뜨면서 약한 양파 뿌리가 자리를 못 잡고 위로 올라와 말라 죽을 수 있다. 잘 살펴보고 뿌리 주위의 들뜬 부분을 발로 밟아주도록 한다.

254

⑤ 봄이 되면 본격적으로 자라기 시작한다. 웃거름을 3월경에 충분히 넣어주고, 가물면 알이 차지 않으므로 물을 자주 준다.

⑥ 4월 말의 양파밭. 잎들이 대파처럼 왕성하게 자란다.

5월 10일 양파뿌리

5월 25일 양파뿌리

6월 8일 양파뿌리

⑦ 6월이 되면서 줄기가 쓰러지기 시작하는데, 반 이상 쓰러지면 맑은 날을 택해 한꺼번에 수확한다.

⑧ 줄기가 붙은 채로 햇빛에 한나절 말리고 처마에 걸어 보관한다.

255

알알이 달린 빨간 보석

딸기

딸기는 5월이 제철이지만, 요즘은 사시사철 아무 때나 하우스 딸기가 나온다. 텃밭에서 기른 제철 딸기는 들쭉날쭉한 모양에 크기도 자잘하지만, 자연이 가득 담긴 건강한 단맛을 갖고 있다.

① 4월 말, 딸기는 비료에 약하므로 심기 2주 전 밑거름을 준 곳에 병에 걸린 흔적이 없고 웃자라지 않은 모종을 구입해 심는다.

② 모종을 심을 때는 생장을 담당하는 크라운(관부)의 중간 정도가 땅 위로 나오게끔 심어야 한다

딸기는 여러해살이풀로 겨울 동안 휴면을 하고 이듬해 다시 잎과 꽃을 내는데, 겨울 추위에 동해를 입어 죽지 않도록 짚 등으로 꼭 덮어주어야 한다. 또, 열매 수확 후에도 웃거름과 물을 주고 잡초 관리를 해주어야 다음 해에 건강히 자란다.

③ 5월 초, 모종을 심고 오래지 않아 딸기 꽃이 피는데, 너무 자잘한 부분의 꽃은 솎아준다.

④ 꽃이 지고 꽃받침 부분이 점점 볼록하게 커지면서 딸기 열매가 된다.

256

⑤ 포기 주변을 짚으로 덮어주면 열매를 깨끗이 기를 수 있을 뿐 아니라 한더위와 강추위로부터 보호할 수 있다.

⑥ 6월 초, 꽃이 피고 40일 정도면 빨갛게 다 익는다.

⑦ 6~7월이 되면 새로운 줄기들이 옆으로 뻗으면서 여러 개의 아들 포기들이 생긴다.

⑧ 9월 중순 경, 아들 포기를 잘라 다른 곳에 심어 기를 수 있다. 불필요하다면 바로 제거한다.

첫째 아들 포기는 엄마 포기의 병해충에 감염되어 있을 위험이 있으니 둘째, 셋째 아들 포기를 잘라 키운다.

여름 과일의 백미

참외

참외는 손자 덩굴에서만 열매가 맺히기 때문에 부지런히 순을 질러줘야하는 까다로움이 있지만, 한 포기에 예닐곱은 딸 수 있어 수확량이 좋다.

① 물빠짐이 좋고 해를 많이 받을 수 있는 곳에 밑거름을 주고 2주 후 참외 모종을 심는다. 5월 초 자리 잡은 참외 모종.

② 한 포기당 덩굴이 1m씩은 뻗으므로, 뻗어 나갈 공간을 충분히 확보해놓는다.

③ 참외는 흙에 닿으면 얼룩이 지고 습기에 물러질 수 있다. 포기 주변에 미리 짚 등을 깔아놓는다.

④ 6월 중순, 노란색의 수꽃과 참외 모양의 씨방을 갖고 있는 암꽃이 차례대로 피어난다.

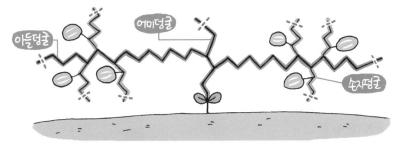

참외는 어미덩굴과 아들덩굴에서는 대부분 수꽃만 피므로 암꽃이 피는 손자덩굴을 길러야 한다.

1. 아들덩굴 2개를 남기고, 어미덩굴은 4~5마디에서 순을 지른다.
2. 아들덩굴의 5~6마디 아래의 곁순은 제거하고, 그 이후에 나오는 손자덩굴을 3~4개씩 기르고 순지른다.
3. 손자덩굴에서는 열매를 하나씩만 기르고 4마디에서 순을 지른다.

⑤ 손자줄기 1, 2마디에서 열매가 열리는데 하나씩만 키우고 나머지는 따준다.

⑥ 7월 초, 솜털이 뽀송뽀송 난 어린 참외.

⑦ 7월 중순, 손바닥만 하게 자란 파란 참외.

⑧ 7월 말, 노랗게 익은 참외. 포기당 6~8개 정도 수확할 수 있다.

개똥참외?

길가나 들 같은 곳에 저절로 생겨난 참외를 개똥참외라 한다. 어느 해 참외를 기른 자리에서 따지 않은 열매의 씨가 맺혀 참외가 저절로 열렸다. 가꾸지 않고 저절로 난 개똥참외는 아주 달지는 않지만, 단단하고 신선한 자연 그대로의 맛을 갖고 있다.

먹고 마시고 쓰고

수세미

수세미는 쓰임새가 다양한 작물로 어린 열매를 먹을 수도 있고, 다 자란 열매는 썰어서 몸에 좋은 차나 효소로 만들 수 있다. 또 질긴 섬유는 천연수세미로, 수액은 천연 약재로 유용하게 쓸 수 있다.

① 5월 초, 2주 전 밑거름을 한 곳에 모종을 심는다. 씨를 심어 모종을 키워 심을 경우 본잎이 3~4장 정도 나올 때 옮겨심는다.

② 덩굴을 뻗으며 자라므로 지주를 박아 끈으로 묶어 유인해준다. 열매는 길고 무거우므로 땅에 바로 닿아 상하지 않게 유의한다.

③ 오이꽃과 비슷한 수세미꽃은 한 줄기에 10개 이상의 수꽃이 피고, 암꽃은 잎겨드랑이에서 하나씩 핀다. 어미덩굴은 5마디에서 순지르고 곁가지인 아들, 손자덩굴을 기르면 암꽃을 더 많이 키울 수 있다.

수정이 끝난 암꽃!

④ 7월 초, 암꽃이 피고 10일 정도 지나면 어린 열매는 생으로 또는 살짝 데쳐서 먹을 수 있다. 첫 열매 수확 후 포기 주변으로 웃거름을 준다.

졸졸~

수세미액 받기

수세미액은 기침, 천식, 비염 등에 탁월한 효과가 있고, 아토피, 습진에도 좋아 화장수 대신 사용해도 좋다. 받는 방법은 서리 오기 전 수세미 줄기를 40~50㎝ 남기고 잘라 병에 넣고 3~4일 두면 된다. 이때 병 입구는 비닐랩으로 둘러 이물질이 들어가지 않게 한다.

⑤ 덩치를 불리고 있는 수세미. 길이로는 30~70cm까지 자랄 수 있다.

⑥ 8월 중, 꽃이 피고 40~50일 지나 꼭지가 갈색으로 변할 때 수확한다. 열매는 한 포기에 5~6개 정도 수확할 수 있다.

⑦ 호흡기질환, 피부질환에 좋은 수세미는 적당한 두께로 썰어 설탕에 절여 효소로 만들거나, 잘 말려서 차로 우려 마실 수 있다.

⑧ 늦가을, 줄기를 잘라 받아낸 수세미액. 잘하면 한 포기에 2리터까지 받을 수 있다고 한다.

수세미
만들기

① 약간 누런색을 띨 때 따서 물에 며칠 담가놓은 후 껍질을 벗긴다.

② 씨앗은 잘 털어내 내년 종자로 쓴다. 수세미 섬유는 5분간 삶으면 더 질겨진다.

③ 햇빛에 잘 말리면 천연수세미 완성!

261

풍성하게 활용가능한

바질

바질과 같은 허브는 기르기가 쉬워 해가 어느 정도 비추고 건조하지 않은 곳이면 어디서든 왕성하게 잘 자란다. 바질은 초여름부터 꽃봉오리를 순질러주며 수확하면 아래 곁가지가 무성하게 자라 점점 더 덩치가 커진다.

① 5월 중순, 작년에 받은 바질씨를 뿌려 나온 스위트 바질 싹. 부드럽고 윤기가 나는 넓은 잎이 특징이다.

② 적정 포기 간격은 20cm 정도로, 직경 20~30cm 화분이라면 1~2포기로 길러야 한다. 6월 말, 솎아내기를 못해 대여섯 포기가 자라 잎이 잘은 바질.

③ 7월 중순 텃밭의 바질 한 그루. 한 포기라도 넉넉한 공간에서 자라면 제대로 된 크기의 잎을 거둘 수 있어서 솎아내지 못한 화분 속의 몇 포기 바질보다 수확이 더 많다.

④ 6월부터 꽃이삭이 나오기 시작하는데, 꽃을 피우면 영양이 꽃으로 다 가서 잎이 작아지고 향과 맛도 떨어진다. 잎을 수확하기 위해 꽃이삭이 난 줄기순을 부지런히 질러주어야 한다.

꽃이삭

⑤ 크게 자란 잎과 꽃이삭이 피기 전 순지르기 겸해서 줄기째 윗대를 수확한다. 깨끗이 물로 씻어 바로 먹거나 그늘에서 말려 바질 가루를 만든다.

⑥ 윗대를 순을 지르면 아래 줄기 사이사이 왕성하게 곁순들이 곧 크게 자란다.

⑦ 8월 중순, 곁순들이 왕성하게 자라 더욱 수확량이 많아진다.

⑧ 9월 초, 꽃이삭 아래부터 차례로 피어나는 하얀 바질꽃.

⑨ 11월 초, 꽃이 지고 갈색으로 바짝 마른 꽃이삭을 부수면 까만 씨앗이 쏟아진다. 내년에 심을 씨앗으로 밀봉해 잘 보관한다.

⑩ 한여름 수확한 토마토와 바질을 아낌없이 넣고 만든 스파게티! 바질은 요리에 바로 넣어도 되고, 페스토와 오일, 식초, 차, 가루 등으로 만들어 먹을 수 있다.

바로 쪄먹으면 더 맛있는

옥수수

옥수수수염차 만들기

옥수수는 25~30도의 고온에서 잘 자라는 대표적인 여름작물이다. 옥수수는 땅이 걸수록 잘 자라는데, 웃거름을 넣고 잡초 정리를 해주는 것 외에 별다른 관리가 없어도 알아서 잘 자란다.

옥수수수염 차는 이뇨작용이 뛰어나 몸 안의 불필요한 노폐물을 제거해주며, 피부미용, 당뇨, 고혈압 등에 좋은 효과를 준다.

1. 잘 손질한 옥수수 수염을 그늘에서 잘 말린다.

2. 말린 것을 그대로, 또는 프라이팬에 살짝 볶아서 우려먹거나 끓여 먹는다.

1월	2월	3월	4월	5월	6월	7월	8월	9월	10월	11월	12월

모종심가

수확

① 5월 초, 시장에서 산 옥수수 모종. 2주 전 밑거름을 충분히 준 곳에 모종 간격을 30cm 정도 주고 심는다.

② 5월 말, 무릎 높이로 자랐을 때 잡초를 뽑아주고, 바람에 흔들리지 않게 북주기를 한다.

암꽃

수꽃

③ 열매의 옥수수염이 암꽃이고, 맨 위의 개꼬리 모양으로 핀 것이 수꽃. 수꽃의 꽃가루가 옥수수수염에 떨어져 수정이 되는데, 수염 한 올에 옥수수알이 하나씩 맺힌다.

④ 7월 말, 수염이 갈색으로 변해 마를 때쯤 수확한다. 수확 후 하루가 지나면 당분이 반으로 줄어들기 때문에 따온 즉시 먹어야 가장 달다.

① 5월 중순 재래시장에 가면 목화 모종을 구입할 수 있다. 씨앗을 심을 때는 꼭 물에 불려 씨에 붙은 솜을 제거하고 심어야 한다.

이꽃 저꽃 예쁘다지만, 목화꽃이 으뜸이지!

명칩할머니

② 8월 초, 아침 일찍 피어난 연미색 목화 꽃. 오후가 되면 연분홍색으로 물든다.

다래 → 뽀송 뽀송

③ 꽃이 지면 다래라는 열매가 맺히는데 녹색에서 점점 검게 변하다가 늦가을 솜사탕처럼 하얀 솜꽃을 터뜨린다.

세 번 꽃이 피는

목화

목화는 솜을 얻을 목적보다는 관상용으로 키우기에 좋은 작물이다. 목화의 꽃은 처음에는 우아한 연미색이었다가 오후에는 연분홍색으로 변한다. 그 후 다래라는 열매가 여물어 터지면 하얀 솜꽃이 핀다. 그래서 목화는 한 봉우리에서 세 번 꽃이 핀다고들 말한다.

1월	2월	3월	4월	5월	6월	7월	8월	9월	10월	11월	12월

모종심기

수확

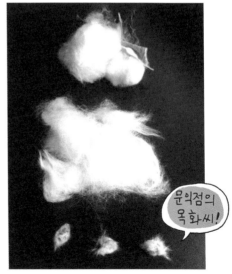

문익점의 목화씨!

④ 한 송이 솜꽃은 3개의 씨방으로 나눠져 있는데, 씨방 하나의 솜을 떼어내면 안쪽에서 목화씨 3개가 나온다.

베란다 텃밭부터 노지 텃밭까지 완전 정복

오늘부터, 처음 텃밭 가꾸기

초판 2쇄 발행 2023년 04월 25일

지은이 석동연
펴낸이 최현준

책임편집 이가영
디자인 박영정

펴낸곳 빌리버튼　　**출판등록** 2022년 7월 27일 제 2016-000361호
주소 서울시 마포구 월드컵로 10길 28, 201호
전화 02-338-9271 | **팩스** 02-338-9272
메일 contents@billybutton.co.kr

ISBN 979-11-91228-77-9 (13590)